중학 수학
1-1가

이**야**기로
구수하게
공부하기

중학 수학 이야기로 구수하게 공부하기 1-1 가

2013년 5월 7일 초판 인쇄
2013년 5월 15일 초판 발행

지은이 손영길, 손동철
발행자 박흥주
발행처 도서출판 푸른솔
편집부 715-2493
영업부 704-2571~ 2
팩 스 3273-4649
디자인 여백커뮤니케이션
그 림 조혜은
주 소 서울특별시 마포구 도화동 251-1 근신빌딩 별관 302호
등록번호 제 1-825

ⓒ 손영길, 손동철
값 14,500원
ISBN 978-89-93596-39-7 (63410)

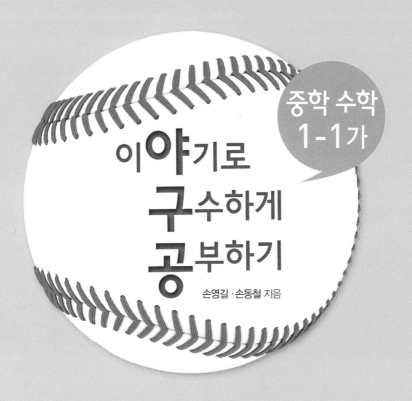

중학 수학
1-1가

이야기로
구수하게
공부하기

손영길 · 손동철 지음

푸른솔

엉뚱한 아들! 멘붕 아빠!

"아빠! 중학교 수학을 이야기 형식으로 써보고 싶어요. 이야기만 읽으면 아주 재밌게 수학을 공부할 수 있게요. 아빠가 좀 도와주세요!"

"뭐? 어떻게 수학을 동화로 쓰니?"

"ALGEBRA THE EASY WAY 있잖아요. 그렇게요."

"아하! 맞아. 그런 게 있었지!"

내가 아이들을 위한 경제 책을 쓰려고 할 때 우리 아들은 ALGEBRA THE EASY WAY란 책을 보이며 이야기로 풀어서 경제를 설명해보라고 권했던 적이 있었다. 그래서 경제학원론을 처음부터 끝까지 재밌게 이야기로 풀어서 출간했었다. 그 책을 쓴 게 벌써 5년 전이고 우리 아들이 막 중졸 검정고시를 통과했을 때다.

엉뚱한 아들은 항상 나를 당황하게 한다. 초등학교를 다니면서 가끔씩 체험활동 한다며 경주 골굴사에 불교무술 선무도를 배우러 가더니, 어느 날 그곳에서 세계여행 중이던 바리라라는 영국인을 데려와서는 3주간이나 자기가 다니던 태권도장 체험을 시켜주었다. 6학년을 졸업하던 해, 바리라의 영향을 받아서인지 혼자 말레이시아에 가서 국제학교를 다니겠다며 비행기 표를 요구했다. 우리 부부는 어이없었지만 비행기 티켓을 구해주었다. 몇 달간의 여행을 마치고 돌아온 아들은 그곳에서 논어를 보고 공자를 좋아하게 됐고 공자와 노자 등의 중국 사상가들의 책에 흠뻑 빠졌다.

아들은 어려서부터 책읽기를 아주 좋아했다. 초등학교 1학년 땐 삼국지를 하도 여러 번 읽어서 아예 전 권을 외우기도 했다. 그리고 이야기를 만들어 남에게 들려주는 것을 좋아했다. 초등학교 때는 반 아이들이 이야기의 다음 편을 듣기 위해서 매일 기다리며 우리 아들을 졸랐다고 한다. 말레이시아에서 돌아온 아들은 쿵푸를 배우겠다며 아예 도장에서 1년을 기거하며 수련했다. 그리고는 책들을 많이 읽고 싶다며 포천의 산속 고시원에 들어가 있더니 불현듯 검정고시를 공부하겠다고 내려왔다. 그리고는 수학 공부를 한다며 나에게 이야기로 된 수학 책은 없는지 물었다. 초등학교 수준은 모르지만 중학교용 수학 책으로 그런 책은 세상에 없다고 잘라 말해주었다.

그렇지만 아이는 포기하지 않고 한 대형서점에서 그런 책을 찾아왔다. 그것이 바로 ALGEBRA THE EASY WAY라는 책이었다. 이야기로 쓴 수학 책! 비록 우리나라의 중학교 수학 책과는 목차나 수준이 다르지만 그래도 동화 형식의 이야기로 풀어쓴 수학 책이었다. 세상에 이런 책도 있다니. 그런 책이 있는 것도 놀랍고 그런 책을 찾아온 아들도 참 신기했다.

그리고 2011년 6월경.

"아빠! 우리 함께 동화로 아주 재밌게 중학교 수학 책을 써보면 어때요? 목차도, 내용도, 수준도 우리 중학교 수학 책과 똑같으면서 아주 재밌어서 아이들이 정말 즐겁게 수학 공부를 할 수 있게요. 그 책만 보면 학교 공부도 만점 맞을 수 있게요."

"아이쿠! 세상에 어떻게?"

그렇지만 아들의 구상을 들어본 나도 이야기의 구성이 너무 좋아서 모든 일을 제쳐두고 아들과 함께 책을 쓰기 시작했다. 내가 큰 틀로 책의 체계를 세우면 아들이 줄거리를 만들어서 넣었다.

'이제 우리나라 수학을 선진국의 수학 형식인 스토리텔링으로 바꾼다.'

2012년 1월 29일 모든 언론에서 일제히 발표한 기사다. 아들과 내가 이야기 수학 책을 쓰기 시작한 지 6개월이 지난 때였다. 우리 아들의 엉뚱했던 생각이 새삼 신기했다. 아무튼 이제 우리나라에서도 이야기로 된 수학 책은 아무에게도 낯설지 않게 되었다.

안양 음악제 피아노 부문 본선에서 모차르트와 쇼팽의 강아지 왈츠로 입상했던, 음악을 좋아하는 우리 아들, 태권도 3단, 쿵푸 3단에 선무도, 택견 등을 배웠고 요즘은 복싱 수련에 흠뻑 빠진 우리 아들. 너무도 엉뚱해서 나와 아내를 당황시킬 때가 많지만, 같이 수학 책을 만들면서 아들의 꼼꼼함과 진정으로 아이들에게 도움이 되는 책을 쓰려고 하는 사명감이 참 기특했다.

그리고 크게 느낀 또 한 가지! 어떤 경우에도 읽을거리를 손에서 놓지 않는 아들의 현재 모습을 보며, 책을 읽는 것은 음식처럼 우리를 건강하게 하는 또 다른 음식이라는 것을 알았다.

우리 대한민국의 부모님들!

공부는 고역이 아니라 호기심을 채우는 즐거움이라고 우리 아이들이 스스로 느낄 수 있도록 인내하고 보살펴줍시다.

그 방법은 우리 아이들이 책을 통해서 호기심을 채워나가는 습관을 갖게 도와주고 기다려주는 것입니다. 학교 성적에 필요한 지식을 남보다 조금 더 빨리 넣어주고 싶어서 억지로 가르치려 할 때 아이들은 정작 삶에 필요한 지식을 얻으려는 욕구를 닫아버리고 급기야 다른 쪽으로 호기심을 돌릴지 모릅니다.

아무리 좋은 음식도 급히 먹으면 체하고 급기야 평생 싫어하는 음식이 됩니다. 사랑하는 우리 아이들이 공부를 가장 즐거워하는 사람이 될 수 있도록 기다려주고 도와줍시다.

아들과 함께 책을 쓴 아빠가 부모님들께

아직도 수학이 어렵고 재미없다고 생각하는 친구가 있나요? 그럼 이 책을 읽고 나면 생각이 바뀔 거예요. 사실 우리 친구들에게 수학이 지루하고 어렵다는 생각을 갖게 만든 것은 순전히 그간 수학을 가르쳐온 어른들의 책임이 커요.

수학과 관련된 개념은 우리들이 매일 매일 재미있게 사는 생활 속에 여기저기 녹아 있거든요. 그런데도 어른들은 수학은 막연히 어려운 공식을 외우고 반복해서 문제를 풀어야 하는 것으로 가르쳐왔어요. 그래서 우리 친구들이 수학을 싫어하게 되었던 것이지요.

저는 이런 모습을 보고 무척 안타까웠어요. 그래서 초등학생들까지도 이해할 수 있을 정도로 쉽고 재미있게 중학 수학을 쓰기로 했지요. 그래서 생각한 것이 수학동화랍니다.

이 책의 특징은 단순히 동화라는 것만은 아니예요. 무엇보다 내용이 충실하다는 거지요. 이 책은 어떤 수학 교과서나 참고서와 견주어도 내용상 빠짐이 없어요. 이 책을 읽고 나면 어떤 문제를 마주해도 자신이 있을 거예요.

이 책은 교과서나 문제집들과 차례나 설명 순서가 꼭 같아요. 그래서 교과서를 배우기 전이나 혹은 교과서를 배운 후에 이 책을 읽으면 수학을 완전하게 자기 것으로 만들 수 있지요. 물론 학원이나 과외 수업을 듣는 학생도 수업을 듣기 전이나 듣고 난 후에 이 책을 읽으면 아주 좋아요.

이 책은 이야기로 되어 있어서 약간 두껍지요. 그러나 수학의 개념을 이해하는 시간은 오히려 훨씬 짧아질 겁니다.

차례

제1편 소인수분해 – 납치된 공주님을 구하러 가자!

동화로 수학의 모든 개념을 설명하고 있어요!

교과서는 물론이고 시중에 있는 모든 참고서들의 내용을 빠짐없이 동화에 알기 쉽게 넣었어요. 따라서 동화 부분만 반복해서 읽어도 수학의 개념을 빠짐없이 확실하게 이해할 수 있답니다.

까삐의 설명으로 수학의 개념을 한 번 더 요약해서 정리했어요!

동화에서 보여준 개념들을 요약하여 한 번 더 설명함으로써 보다 분명하게 개념을 정리해볼 수 있도록 했답니다. 까삐의 친절한 설명은 친구가 말해주는 것처럼 편안할 거예요.

동수네 반 쪽지시험 문제를 풀어봐요!

동화를 읽고 까삐의 설명을 보면서 수학에 자신감이 생겼나요?

그렇다면 동수네 반에서 보았던 쪽지시험을 우리 친구들도 한번 풀어봐요. 동화를 재미있게 열심히 읽었던 친구들이라면 아주 쉽게 풀 수 있을 거예요. 이렇게 문제를 풀고 나면 어떤 수학 문제를 마주해도 자신 있게 풀 수 있을 겁니다.

이 책은 어떻게 읽으면 좀 더 효과가 있을까요?

사실 그건 친구들이 가지고 있는 성격에 따라서 여러 가지 모습이 있을 거예요. 그렇지만 저는 이 책을 우리 친구들이 재미있게 수학을 이해했으면 하는 마음에서 썼어요. 그래서 처음 이 책을 읽을 때는 우선 동화 부분만 한두 번 끝까지 읽어요. 그리고 다음에 까삐의 설명을 보고 동수네 반 쪽지시험 문제를 풀어보면 수학 공부가 즐거워질 거예요. 그런 후에 수학 문제집을 사서 풀어보면 어떤 문제도 아주 쉽게 풀릴걸요.

원뚜비 똘러 왕

키가 너무 작아서 키가 컸으면 해서 지어진 이름.
백성들을 사랑하고 신하들을 존중하는 훌륭한 왕.
수학을 잘해야 서로 적대적인 아리쓰매릭 왕국을 이길 수
있다고 생각하고 있음.

까삐

현실에서는 그저 앵무새이지만 꿈속에서는
영어와 한문을 많이 알고 이름을 잘 만들어내는 앵무새.

동수

현실에서는 게임만 좋아하는 수학 0점 중학생.
그러나 꿈속에서는 열정과 자신감을 갖고
수학을 연구하는 왕국의 수학고문.

앨리스 공주

동수를 존경하고 좋아함.
동수가 이 왕국에 온 후로 수학에 흥미를 갖게 됨.

시종장 이그노리

왕을 보좌하는 매쓰매릭 왕국의 최고 신하.
동수가 오기 전에는 수학을 가장 잘하는 사람이었지만
동수가 온 후로 밀려나서 동수와 까삐를 매우 싫어함.
자존심이 매우 강함.

에라토스테네스

소수를 찾아내는 체를 만든 마술사.

또치

갈래 길을 놓고 시합을 벌인 아기 도깨비.

제갈롱 선생

빅 마운틴 산에서 마법을 연구하며
마방진을 만든 마법사.

소인수분해

제1편 **납치된 공주님을
구하러 가자!**

최대공약수와 최소공배수 문제

하굣길

"자, 영훈아! 넌 이번에도 100점이구나!"

선생님이 영훈이에게 수학 답안지를 건네주며 말씀하셨다.

짝짝짝! 짝짝짝! 짝짝짝!

아이들이 모두 부러워하며 영훈이를 축하해주었다.

"응? 이번에도 또 빵점 맞은 친구가 한 사람 있네! 다음 시험에서는 제발 한 문제라도 풀 수 있기를 바랄게요!"

아이들이 모두 와! 하고 웃으며 일제히 동수를 쳐다보았다. 낄낄거리며 웃는 아이도 있었고 한심한 듯이 쳐다보는 아이도 있었다. 동수는 고개를 푹 숙였다.

'동수! 성적표 받아가야지."

선생님의 재촉에 동수는 고개를 푹 숙인 채 앞으로 나갔다. 그리고 0점 맞은 수학 답안지를 받아들고 자리로 돌아와서도 여전히 고개를 들지 못하고 있었다.

뿡 뿡뿡! 뿡 뿡뿡!

전자음 소리가 요란한 싸이보리 PC방.

동수는 게임하느라 정신이 없다. 여기서만큼은 동수가 제일이다. 수학을 최고 잘하는 영훈이도 영어를 최고 잘하는 서영이도 게임할 때만큼은 동수를 당할 수 없다. 그래서 동수는 게임할 때가 제일 행복하다.

수학시험 성적표를 받았을 땐 정말 창피하고 당황스러웠다. 그러나 게임을 하면서 그런 기분도 씻은 듯 잊게 되었다. 아! 그런데 집에 갈 때가 되니 이제 걱정이 된다. 아침에 엄마께 노트 산다고 돈을 받아와서는 그 돈으로 게임한 것이 마음에 걸린다. 그리고 0점 받은 수학시험 답안지를 엄마께 보여드려야 할 것도 걱정이다.

"애! 너 동수지?"

게임방에서 막 나오는데, 누군가 뒤에서 불렀다.

"어? 서현이구나!"

초등학교 때 같은 반 친구였다.

"너도 우리 학교에 다니고 있었구나?"

서현이가 활짝 웃으며 말했다.

"응, 그래. 그런데 사실 난 너 가끔 봤었어."

"그런데 왜 아는 체 안 했어?"

"그냥…."

동수가 말끝을 흐렸다.

"너 오늘 수학시험 잘 봤지?"

서현이가 여전히 활짝 웃으며 물었다.

"응? 아, 아니!"

동수가 겸연쩍게 웃으며 얼버무렸다.

"너 초등학교 때 수학 잘 했었잖아. 특히 넌 초등학교 때부터 중학교 수학 과외를 받고 학원도 다녔었잖니? 나도 초등학교 때부터 너처럼 진작 중학교 수학 공부 좀 해둘걸. 난 오늘 수학시험에서 65점밖에 못 받았거든. 넌 몇 점 받았어?"

"그냥, 조금!"

동수가 얼굴이 빨개지며 또 얼버무렸다.

동수는 집안 살림 형편이 어려운 데도 어머니께서 초등학교 때부터 중학교에서 배울 수학 과외를 시켜주셨다. 그리고 학원에 다니게도 해주셨다. 그래서 엄마는 중학교에 입학한 후 동수의 수학 성적에 기대를 많이 하셨다. 그런데 시험을 볼 때마다 계속 0점을 받아왔었다.

"어휴! 까삐가 시험 봐도 0점을 받지는 않겠다."

0점을 받아올 때마다 엄마가 하신 말이다. 까삐는 동수가 키우는 앵무새 이름이다. 동수가 수학 과외를 받을 때 늘 곁에서 선생님 말을 따라하곤 했다.

소쑤! 소쑤! 함쭈! 함쭈!

까삐의 흉내 내는 소리에 과외 선생님도 까르르 웃곤 했다.

사실 동수는 중학교 수학에서 꼭 필요한 용어조차 거의 모른다. 아니 알려고 해본 적도 없다. 과외 선생님 앞에서도 딴 생각만 했다. 학원에서도 게임 생각만 했다. 동수는 고집이 아주 센 아이였다. 그래서 자신이 어떤 일을 왜 하는지 분명히 이해가 되지 않으면 아예 하지 않는 아이였다. 동수는 수학을 왜 공부해야 하는지 그 이유를 알 수 없었다. 그래서 수학 공부를 하기가 정말 싫었다. 그런데도 동수의 마음을 모르는 엄마는 학원이며 과외 공부를 계속 시켜주셨다. 엄마는 동수에 대한 기대가 너무 컸기 때문이었다. 그런데 오늘 또 수학을 0점 받은 것이다. 답안지에 이름만 써서 냈었으니까….

"우리 집은 '팔달문' 앞이야. 그래서 버스를 타고 가야 해. 112번. 근데 너희 집은 어디야?"

서현이가 다행히 점수 이야기를 계속 하지 않고 말을 돌렸다.

"나도 버스를 타고 가야 해. 우리 집은 '꽃뫼마을'이야. 92번 버스를 타고 조금만 가면 돼."

"잘됐다. 그럼 너도 이편한 아파트 앞 버스 정류장에서 버스를 타면 되겠네? 우리 같이 기다리다가 버스를 타자."

서현이가 동수의 등을 살짝 치며 말했다.

둘은 버스 정류장 쪽을 향하여 걸어갔다.

"어머! 저거 봐. 예쁘지 않니?"

"와아~ 정말!"

길가에 있는 커다란 건물의 벽에 일하는 아저씨들이 타일을 붙이고 있었다. 아저씨들은 줄에 대롱대롱 매달려서 커다랗고 예쁜 타일을 붙였다.

"저렇게 큰 타일은 처음 봐. 우리 화장실에 붙여져 있는 것들보다 10배는 큰 거 같아."

"그래, 우리 주방에도 예쁜 타일이 붙여져 있는데, 그것도 저것들보단 훨씬 작아."

동수의 말에 서현이도 맞장구를 쳤다.

"그런데, 정말 예쁘지 않니? 아저씨들

이 타일을 붙여나가니까 커다란 나무에 새가 날아가 앉는 그림이 되어가고 있어."

동수가 감탄한 표정으로 말했다.

"그래, 정말 예쁘다. 저런 크고 예쁜 그림은 처음 봐!"

위이잉~ 위이잉~

"응? 저건 뭐지?"

"가까이 가보자!"

건물 옆에서 작업복을 입은 아저씨 한 분이 요란한 소리를 내는 기계로 타일들을 자르고 있었다.

"아저씨! 그 타일들은 왜 자르세요?"

동수가 물었다.

"저 빈 곳에 붙이려고 그런다. 이 정사각형 타일들은 저기에 붙이기에는 너무 크지 않겠니?"

아저씨가 말하면서 벽의 오른쪽 맨 가장자리와 맨 밑의, 타일이 붙여지지 않은 빈 곳을 가리켰다. 그리고 보니 그곳은 준비된 정사각형의 타일들을 그대로 붙이기에 너무 좁은 공간이었다.

"그럼 처음부터 저 벽의 크기에 맞추어서 정사각형의 타일들을 준비했다면 이렇게 힘들게 자르지 않아도 되잖아요?"

"네 말이 맞다! 후우~ 그런데….."

아저씨가 잠깐 한숨을 쉬며 말을 이었다.

"사실 건물 주인은 가능하면 큰 정사각형 타일을 공간이 남는 부분이 없이 건물 벽에 붙여달라고 했단다. 그렇지만 공간이 남는 부분이 없이 가능한 한 큰 정사각형 모양의 타일을 준비하기 위해서는 한 변의 길이를 얼마로 만들어야 될지…. 도저히 정확히 계산할 수 없더구나. 그래서 그냥 한 변의 길이가 80cm인 정사각형을 만들어보았단다. 그랬더니 저렇게 좁은 공간이 남는구나. 그래서 그 좁은 빈 공간에 타일을 붙이기 위해서 하는 수 없이 큰 타일을 잘라서 쓰고 있단다."

"그러고 보니 정말 가능한 한 큰 정사각형 모양의 타일만을 만들어서 남는 부분이 없이 붙이는 것은 쉽지 않겠네요."

동수도 아저씨의 말을 듣고는 쉬운 일이 아닌 것 같았다.

"그런데 타일을 붙여야 할 건물 벽의 크기는 얼마인데요?"

서현이가 동그란 눈을 반짝이며 말했다.

"음, 가로의 길이가 4m, 세로의 길이가 9m, 그러니까 센티로 말하면 가로가 400cm이고 세로가 900cm이란다. 어때, 여기에 붙일 정사각형 모양의 타일 크기를 계산해볼 수 있겠니? 타일을 잘라 붙이지 않아도 되도록,

벽에 남는 부분이 전혀 없이 꽉 차게 붙일 수 있으면서도 가능한 한 큰 정사각형 모양으로 말이야."

"그건 정말 어렵겠어요. 그렇지만 집에서 한번 열심히 생각해볼게요."

서현이가 대답은 했지만 자신이 없었다.

"그렇게 하렴. 그리고 혹시 적절한 타일의 크기가 생각나면 꼭 알려주렴."

아저씨가 빙그레 웃으며 말했다.

"네, 그렇게 할게요. 안녕히 계세요. 아저씨!"

"안녕히 계세요!"

동수와 서현이는 아저씨에게 인사를 하고 버스 정류장으로 함께 걸어

갔다.

"어, 저기….."

"아이~, 조금만 더 일찍 왔더라면….."

동수가 탈 92번 버스와 서현이가 탈 112번 버스가 정류장에서 막 출발해서 떠나고 있었다. 시계를 보니 오후 3시였다.

"어휴! 다음 버스가 올 때까진 12분이나 기다려야 하는데….."

"에이~ 난 20분이나 기다려야 하는걸!"

"그럼 내가 112번 버스가 올 때까지 기다려줄게."

"정말? 에이~ 그러면 그때부터 네가 또 혼자 기다려야 하는데? 그럼 내가 미안하지. 그냥 12분 후에 92번 버스가 오면 너 먼저 타고 가! 나 혼자 8분 더 기다렸다가 112번 버스가 오면 타고 갈게. 그래도 고마워, 나를 생각해줘서. 호호호!"

서현이가 동수의 등을 손바닥으로 살짝 치며 웃었다.

"서현아! 그럼 다음에 다시 92번과 112번 버스가 함께 도착할 때까지 같이 기다렸다가 똑같이 출발하는 게 어때?"

"그러려면 얼마나 더 기다려야 하는데?"

"글쎄? 잘 모르지만 그냥 기다리다가 보면 함께 도착하는 때가 있겠지."

"그래도 몇 분 후에 두 버스가 함께 도착할지 알고 기다리면 지루하지 않고 더 좋을 텐데….. 알 수 있는 방법은 없을까?"

"그래, 우리 기다리면서 그 계산 방법을 한번 찾아보자!"

둘은 서로 각자 자신들의 의견을 이야기하면서 열심히 방법을 찾아보았다. 그러는 사이에 92번 버스와 112번 버스는 각각 여러 대가 지나갔다. 그러나 좀처럼 두 버스가 동시에 정류장에 도착하진 않았다.

부~우~웅! 부~우~웅!

"어! 저기 92번 버스가 또 온다."

"112번 버스도 저기…. 이제야 두 버스가 함께 도착했네."

"근데 우리 얼마나 기다린 거야?"

"지금이 오후 4시니까. 한 시간, 정확히 60분 기다린 거지."

"벌써? 우린 아직도 두 버스가 언제 함께 도착할지 계산해보지도 못했는데…."

서현이가 아쉬운 듯 얼굴을 애교스럽게 약간 찡그리며 말했다.

"내일까지 누가 먼저 계산 방법을 생각해내는지 내기할까?"

동수가 눈을 크게 뜨고 활짝 웃으며 말했다.

"그래, 좋아! 내일 보자. 안녕!"

"그래, 안 녀~어 엉!"

둘은 각자의 방향으로 가는 버스를 탔다.

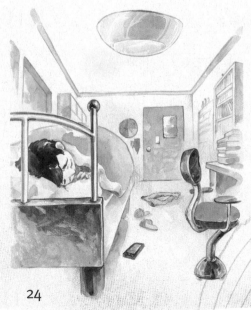

집 앞에 도착하자 비로소 동수는 다시 걱정이 되었다.

동수는 마치 남의 집을 들어가는 것처럼 두리번거리며 집안으로 들어갔다. 엄마는 시장에 가셨는지 안에는 아무도 없다.

동수는 살그머니 자기 방으로 들어가서 옷도 갈아입지 않고 바로 침대 위로 올라갔다. 그리고 이불을 머리 위까지 폭 뒤집어쓰고 누웠다.

나는 까삐라고 해!

왜 내 이름이 까삐인지 궁금하지?

뭐든지 한 번 듣고, 보면 모두 외워버리거든.

복사하는 것처럼 말이야.

따라서 나는 한자와 영어 단어를 아주 많이 알아. 그래서 새로운 것이 있으면 이름을 아주 잘 짓는단다. 그리고 또 한 가지 나는 뭐든 쉽게 설명하기를 좋아해. 그래서 이제부터는 내가 너희들에게 동화에서 다룬 수학 개념들을 그때마다 여기에서 알기 쉽게 다시 설명해주려고 해.

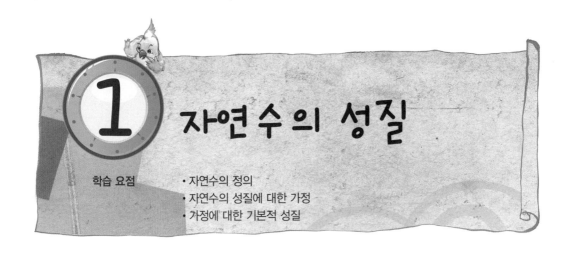

1 자연수의 성질

학습 요점
- 자연수의 정의
- 자연수의 성질에 대한 가정
- 가정에 대한 기본적 성질

매쓰매릭 왕국에 간 동수

"까삐야! 같이 가자!"

동수는 산속에서 길을 잃었다. 까삐는 저만치 앞서서 날아가고 있다.

후 둑! 후 둑!

갑자기 주위가 캄캄해지더니 빗방울이 떨어지기 시작한다.

"어서 이리 들어와! 어서!"

까삐가 저만치 앞에서 소리친다.

"어디?"

동수가 두리번거리며 허겁지겁 쫓아간다.

 우 르릉! 쾅쾅! 쏴~ 쏴~

천둥번개와 함께 갑자기 소나기가 제법 세게 내린다.

"어? 동굴이다! 와! 여기에 이런 동굴이 있었다니. 참 다행이다."

동굴은 제법 깊어 보였다.

"까삐야! 무서워 너무 안으로 들어가지 마!"

까삐는 고개를 갸웃거리며 계속 안쪽으로 날아갔다. 동굴 안쪽은 이상하게 바깥보다 오히려 밝아 보였다.

슈후욱! 슈후욱!

갑자기 동굴 안쪽으로부터 하얀, 짙은 안개가 쏟아져 나왔다.

순식간에 안개가 동수와 까삐를 휘감았다.

둘은 진공청소기에 먼지가 빨려 들어가듯이 안쪽으로 훅하고 빨려 들어갔다.

"아앗! 으 아아 아 아 아악!"

"끼야아 아 아아 아 아 아 아악!"

"일어나! 일어나! 정신 차려!"

"어? 여기가 어디지?"

까삐가 먼저 정신을 차리고 동수를 깨웠다.

"와! 굉장히 아름답다."

수정처럼 맑은 연못이 있었고 주위에는 아름다운 꽃과 나무들이 울창했다.

"누구냐?"

바로 그때 갑옷을 입은 병사 두 명이 창을 들고 다가오며 소리쳤다.

"뛰어!"

"같이 가!"

까삐가 소리치며 달렸다. 동수도 그 뒤를 따랐다.

"거기 서라!"

"저놈들을 잡아라!"

병사들이 쫓아왔다. 둘은 숲속을 요리조리 뛰며 도망쳤다.

"이리 들어와!"

예쁜 문이 있는 집. 까삐가 그 안으로 날아 들어가며 소리쳤다. 동수도 뒤를 한 번 흘끔 돌아보고 따라 들어갔다.

"너희는 누구니?"

"어! 저….."

안에는 아름다운 옷을 입은 예쁜 여자아이가 서 있었다.

"너희는 누구고, 여기에는 어떻게 들어왔지?"

여자애도 놀란 표정으로 재촉하여 물었다.

"나는 동수야! 얘는 까삐고. 우리도 어떻게 이곳에 오게 되었는지 모르겠어. 그런데 여기는 어디야?"

"정말 어딘지 모른단 말이야?"

"그래, 우리는 숲속에서 길을 잃고 헤매다가 동굴에 들어왔는데…, 갑자기 정신을 차려 보니…."

"그게 말이 되니?"

"그럼 우리가 거짓말이라도 한다는 거야?"

"어머! 새가 말도 하네?" 여자아이가 신기한 듯이 까삐를 쳐다보며 말했다.

"나는 이 나라의 공주 앨리스야!"

"공주? 그럼 이 나라는 왕국이니?"

"그래! 매쓰매릭 왕국이야. 아빠인 원뚜비 똘러 왕이 우리 왕국을 다스리고 계시지."

"와! 동굴 속에 이런 나라가 있었다니!"

동수가 두리번거리며 신기한 듯이 여기저기 쳐다보았다.

바로 그때.

"여기다! 공주님 방에 녀석들이 있다!"

어느새 병사들이 뒤따라 들어와서 동수와 까삐를 묶었다.

"임금님께 데려가자! 첩자가 틀림없어!"

왕이 있는 어전.

"어허! 정녕 어젯밤 꿈이 거짓이 아니었구나!"

끌려온 동수와 까삐를 보고 왕은 무릎을 치며 말했다.

"꿈이요?"

동수와 까삐를 끌고온 병사들이 어리둥절한 표정으로 물었다.

"그래! 지난 밤 꿈에 어떤 노인이 나타나서 우리나라를 구해줄 수학천재를 보내줄 테니

도움을 받으라고 하더구나.”

“그럼 이자가 수학천재란 말씀인가요? 혹시 첩자일 수도….”

왕의 곁에 서 있던 시종장 이그노리가 말했다.

“틀림없소! 꿈에 노인이 분명히 그렇게 말했소. 이제 저 수학천재를 우리 왕국의 수학고문으로 임명하도록 하겠소. 어서 풀어주도록 하오!”

왕이 이그노리에게 명령했다.

“저… 아! 예~”

시종장은 내키지는 않았지만 왕의 명령이니 따르지 않을 수 없었다.

동수도 풀려나서 다행이기는 했지만 무슨 영문인지 알 수가 없었다.

더구나 수학 용어도 하나 모르고 쪽지시험도 0점 받는 자신을 수학천재라고 하니 어이가 없었다.

“폐하! 그렇다면 문제를 내서 저자를 시험해본 후에 수학고문으로 임명하면 좀 더 안전하지 않을까 생각되옵니다.”

“음… 손님들에 대한 예의는 아니지만 시종장이 정 그렇게 불안하다면 그리하시오.”

왕은 내키지는 않았지만 시종장의 말도 무시할 수만은 없어서 이그노리의 의견에 따르기로 했다.

“대수 문제와 기하 문제를 내겠다!”

시종장의 말에 동수는 가슴이 철렁했다. 대수, 기하, 이름만 들어도 어려웠기 때문이었다.

“먼저 대수 문제! 다섯 명의 병사가 숲속에서 사슴 사냥을 해서 각각 두 마리씩 잡아서 돌아왔다. 그리고 열 명의 병사가 똑같이 나누어 가졌다면 몇 마리씩 가질 수 있겠는가?”

"아니! 저 어려운 문제를 저 아이가?"

이그노리가 문제를 내자 병사들이 수군거렸다.

"다음, 기하 문제! 궁궐 뒤 창고는 바닥이 가로 3m, 세로 2m이다. 그리고 높이가 10m인데, 그 부피는 얼마일까? 여기 칠판에 답을 적어라!"

"어? 높이가 10m는 안 될 텐데?"

"시종장께서 문제를 어렵게 내느라고 일부러 실제보다 더 높게 말한걸 거야."

시종장이 육면체의 부피를 묻는 기하 문제를 내자 또 병사들이 여기저기에서 수군거렸다.

"어? 이건 쉬운 문제인데…."

동수는 혼잣말을 하며 바로 문제를 풀기 시작했다. 아무리 수학을 싫어했던 동수지만 이런 문제라면 자신이 있었다. 초등학생들도 누구나 풀 수 있는 쉬운 문제들이기 때문이었다.

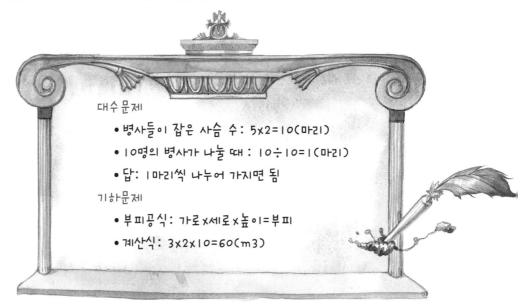

대수 문제
- 병사들이 잡은 사슴 수: 5×2=10(마리)
- 10명의 병사가 나눌 때: 10÷10=1(마리)
- 답: 1마리씩 나누어 가지면 됨

기하문제
- 부피공식: 가로×세로×높이=부피
- 계산식: 3×2×10=60(m3)

"으 하하하하! 정말 훌륭하도다! 어디? 시종장! 어떻소? 답은 맞는 것이오?"

동수가 거침없이 문제를 풀어내자 답이 맞는지 확인하기도 전에 왕은 매우 만족해했다. 모여 있던 신하들도 어려운 수학 문제를 그렇게 빨리 푸는 것은 본 적이 없었기 때문에 너무 놀라서 입을 다물지 못했다.

"답이 맞기는 하옵니다. 그러나 폐하….."

동수가 써놓은 답을 자세히 확인한 후에 이그노리가 찜찜한 표정으로 말했다.

"그럼 되었지 않소? 이제 더 이상 시종장은 아무 말도 하지 마시오."

왕이 단호히 말했다.

"이제부터 수학고문 동수는 우리 왕국의 수학이 발전할 수 있도록 도움을 주기 바란다. 또한 우리 병사들과 모든 백성들이 수학을 잘할 수 있도록 가르쳐주는 일도 해주고."

"예~ 폐하!"

동수는 얼떨결에 대답했지만 걱정이 이만저만 아니었다. 게임이라면 모르지만 수학은 쉬운 용어들조차 모르는데, 앞으로 어떻게 해야 할지 앞이 캄캄했다.

한편 이그노리는 좀 더 어려운 문제를 내서 시험해보지 못한 것이 못내 아쉬운 표정이었다.

매쓰매릭 왕국은 이웃나라인 아리쓰매릭 왕국과 늘 사이가 좋지 않았다. 아리쓰매릭 왕국은 원뚜비 패터 왕이 다스렸는데, 매쓰매릭 왕국을 자주 쳐들어오곤 했다. 그 나라에는 삐따꾸로스라는 수학자가 시종장으로 있었다. 그는 작전을 짜는 거며 군사훈련을 어찌나 완벽하게 하는지 전쟁을 하면 매쓰매릭 왕국이 번번이 패하곤 했다.

그와 반대로 매쓰매릭 왕국에는 수학을 잘하는 사람이 없었다. 물론 시종장 이그노리는 자기가 수학을 굉장히 잘한다고 생각하고 있었으며, 달리 수학을 잘하는 사람이 없었기 때문에 다른 신하들도 이그노리를 최고로 알고 있었다. 그런데 사실 이그노리는 충성스럽기는 했지만 고집만 세고 멍청했다. 왕도 그것을 알고 있었다. 그래서 원뚜비 똘러 왕은 수학을 잘하는 사람이 있었으면 좋겠다는 생각에 자나 깨나 늘 고민이었다. 그러다가 꿈까지 꾼 것이었다.

"폐하! 큰일 났사옵니다. 공주님이….."
공주의 시중을 들던 하녀가 하얗게 질린 표정으로 달려 들어오며 소리쳤다.

마법의 철문을 열어라!

"무슨 일이냐? 공주가 어떻게 됐다고?"

"공주님이 아이와 새를 보려고 이곳으로 오고 있었거든요. 그런데 갑자기 아리쓰매릭 놈들이 나타나서는 공주님을 납치해갔사옵니다."

"뭣이라고! 그놈들이 간 곳이 어느 쪽이냐?"

"병사들이 지금 그놈들을 쫓고 있사옵니다. 저쪽으로….."

왕과 일행은 하녀를 따라 숲속으로 난 길을 따라 들어갔다.

"폐하, 이곳으로 놈들이 들어갔는데, 도무지….."

뒤쫓던 병사들이 커다란 철문 앞에서 뭔가 열심히 궁리하고 있었다.

"지금 뭣들 하는 거냐? 어서 뒤쫓지 않고!"

왕이 병사들을 향해 소리쳤다.

"여기가 아리쓰매릭 왕국으로 통하는 비밀 통로인 것이 틀림없사옵니다. 그런데 놈들이 이곳에 좀처럼 열리지 않는 마법의 문을 만들어놓았사옵니다. 저희가 여러 궁리를 해보았는 데도 도무지 방법을 찾을 수가 없사옵니다."

병사 하나가 연신 머리를 조아리며 대답했다.

"마법이요?"

동수가 그 병사에게 물었다.

"예, 여길 봐요. 문에 구멍이 세 개가 뚫려져 있죠?"

"네, 그렇군요. 근데 각각에 손잡이가 하나씩 달려 있네요?"

"맞아요! 저희가 자세히 살펴보니까 하나의 구멍에서는 손잡이를 돌릴 때마다 숫자만 계속 나와요. 그리고 그 옆에 있는 다른 구멍에 붙어 있는 손잡이를 돌리면 +, −, ×, ÷ 등의 연산기호들이 나오지요."

"그럼 [=]의 기호가 붙은 이 마지막 구멍은요?"

"아, 그곳은 뭔가 나오는 곳이 아니라 뭔가 넣도록 구멍이 만들어져 있어요."

"그렇군요. 구멍 모양이 저 둘과 다르네요."

구멍을 자세히 들여다보던 동수가 말했다.

"그래서 저희가 그곳에 다른 구멍에서 빼낸 숫자와 연산기호를 차례로 넣고 손잡이를 돌려보았는 데도 문은 여전히 꼭 닫쳐져 있고 좀처럼 열리지 않고 있어요."

병사가 안타까운 표정으로 대답했다.

"아참, 그런데 달아나던 녀석들 중 한 놈이 이상한 말을 했어요."

"무슨 말을 했다는 것이냐?"

왕이 다그쳐 물었다.

"자연스럽게 늘 존재하는 수로는 절대 열지 못할 것이라고 했사옵니다. 그런데 그 말을 믿어도 될지…."

병사가 말끝을 흐리며 대답했다.

"믿을 수밖에 없죠! 다른 방법이 없잖아요? 어서 자연스럽지 않은 수를 찾아야지요!"

동수가 답답하다는 듯이 크게 소리쳐 말했다.

"그걸 어떻게 찾아요? 계속 연구했지만 도무지…."

병사들이 체념하는 표정으로 말했다.

"그렇다면 먼저 우리가 쉽게 찾을 수 있는 자연스런 수부터 찾아보도록 하면 어떨까요?"

동수가 뭔가 좋은 생각이 떠오른 듯 활짝 웃으며 말했다.

"손가락으로 쉽게 셀 수 있는 1이나 2, 3 등의 수 말이냐?"

시종장이 대수롭지 않은 듯 말했다.

"맞아요! 바로 그런 수들이요. 그런 다음 반대로 자연스런 수가 아닌 수를 찾으면 되잖아요. 그러면 저 철문을 여는 데 필요한 자연스럽지 않은 수를 찾을 수 있을 거 아니겠어요?"

"옳거니! 동수가 아주 좋은 생각을 해냈구나. 그럼 자연스런 수들도 이름을 붙여서 찾으면 좋겠구나. 어떤 이름이 좋을까?"

"자연수! 스스로 자(自), 그럴 연(然), 스스로 늘 그렇게 있는 수."

"오호! 아주 딱 맞는 이름이야. 까삐는 비록 새지만 이름 짓는 데는 최고구나!"

왕이 오랜만에 기쁜 표정으로 말했다.

"너무 평범한 이름이 아닐까요?"

이그노리가 마땅치 않은 표정으로 말했다.

"아니요! 이제부터 손가락 등으로 쉽게 셀 수 있는 1부터 시작해서 하나씩 커지는 수들을 자연수라고 부르도록 하오."

왕이 단호히 말했다.

1부터 시작해서 하나씩 커지는 수를 자연수라고 한다.
가령 1, 2, 3, 4, 5, … 등이다

"폐하, 그럼 이제부터 자연수의 성질을 하나하나 연구해보아야겠어요.

그래야 자연수가 아닌 수를 쉽게 찾을 수 있을 테니까요."

동수가 왕에게 의견을 말했다.

"자연수의 성질을 연구할 것까지 있나? 그냥 1, 2, 3 등 손가락과 발가락을 이용해서 세보면 되지. 뭐, 자연수는 20까지 있겠네. 손가락 10개, 발가락 10개…."

이그노리가 끼어들며 말하다가 새로운 발견을 한 듯 소리쳤다.

"**아하!** 그럼 21은 자연수가 아니라는 뜻? 손가락, 발가락으로 셀 수 없으니까…."

"에이~ 저 멍청이! 그래서 자연수의 성질을 알기 위해서는 몇 가지 가정이 필요하다니까. 말하자면 '**모든 자연수에는 다음 자연수가 있다**'고 하는 등 말이야. 예를 들면 20 다음에는 21이 있고, 21 다음에는 22가 있고…. 이렇게 하면 계속해서 자연수를 찾아낼 수 있을 거야."

"'**모든 자연수에는 그 이전 자연수도 있다**'고 가정하면 좋을 거 같아. 10 전에는 9가 있고, 9 전에는 8이 있고…."

동수가 까삐의 말을 받아 말했다.

"그럼 1 전에도 자연수가 있다는 거야? 있으면 찾아봐!"

까삐 말에 화가 나 있던 이그노리가 동수에게 대신 화풀이하듯 말했다.

"아, 그러네요. 그렇다면 '**모든 자연수에는 그 전에 자연수가 존재한다. 그러나 1은 예외다.**'라고 해야 되겠네요."

동수가 즉시 잘못을 인정하고 말을 고쳤다.

"자연수 이전에도 자연수가 있고 자연수 다음에도 자연수가 있다고 가정하자는 말이지? 그렇다면 '**모든 자연수에는 순서가 있다**'고 하는 가

정도 하나 더 만들면 어떠할꼬?"

"와~ 폐하, 대단한 발견을 하셨사옵니다. 예를 들어 5를 볼 때에도 하나가 작은 수는 4이고 하나가 큰 수는 6이니까 4, 5, 6으로 순서가 만들어지는 것을 알 수 있사옵니다."

동수가 왕의 의견에 큰소리로 찬성했다.

"그렇다면 자연수를 더하거나 곱할 때에도 반드시 순서를 지키기로 해야 할 것이옵니다."

뺄셈과 나눗셈에 대해서는 자신이 없어서 결코 하지 않으려 하지만 덧셈과 곱셈에서는 매우 자신 있어서 항상 뽐내고 싶어 하는 이그노리가 말했다.

이 왕국에 사는 대부분의 백성들은 손가락이나 발가락을 이용한 덧셈만을 할 수 있을 뿐이었다. 그러나 이그노리는 곱셈까지도 약간 서툴지만 그래도 할 수는 있기 때문에 다른 사람들이 모두 부러워했다.

"쓸데없는 소리! 5+6이나 6+5나 뭐가 다르담. 그리고 5×6이나 6×5나 답은 마찬가지 아냐!"

"오호! 그렇군."

왕도 까삐의 비판이 일리 있다고 생각했다.

"저렇게 아무 곳에나 순서를 정해놓으려는 멍청한 짓을 하지 못하도록 해야 합니다. 그러기 위해서는 엄격히 법칙을 만들어놔야 해요."

까삐가 이그노리를 흘끗 쳐다보며 왕에게 단호히 말했다.

"어떤 수들을 더하거나 곱할 때 서로 순서를 바꾸어서 계산해도 되도록 한다는 말이지?"

"예, 폐하. **교환법칙**이라고 하면 좋을 것 같습니다. 서로 교(交)! 바꿀 환(換)! 서로 바꾸어 계산해도 좋다는 뜻이지요."

"와! 까삐는 이름 짓는 데는 역시 최고야!"

동수가 웃으며 엄지손가락을 들어보였다.

"음, 그래. 까삐 말대로 덧셈과 곱셈에 대하여는 까삐가 만든 교환법칙을 적용하도록 허락한다."

왕도 흔쾌히 까삐의 제안에 동의했다.

한편 이그노리는 까삐가 만든 법칙이 잘못되었다는 것을 증명하기 위해서 필사적으로 노력했다. 여러 가지 자연수의 앞뒤 순서를 바꾸어서 더하기도 해보고 곱하기도 해보았다. 그렇지만 답은 항상 같았다.

"휴우~ 결국 아리쓰매릭 왕국 녀석들이 꽉 닫아놓은 문은 결코 열지 못한다는 것이 아니냐? 손잡이를 돌려서 나오는 어떤 자연수를 더하거나 곱해도 항상 자연수가 나오니 말이다."

왕이 공주 생각을 하며 슬픈 표정으로 말했다.

교환법칙을 만들어 칭찬을 듣고 기뻐하던 까삐도 슬퍼하는 왕의 모습을 보고는 다시 시무룩해졌다. 동수도 공주가 너무 걱정이 되어서 아무 말도 하지 못하고 앉아 있었다.

그렇지만 이그노리는 까삐가 놀리고 교환법칙까지 만들어낸 것이 너무 분해서 계속 숫자를 바꾸면서 계산해보고 있었다. 그러다가 이번에는 필사적으로 사용하지 않던 뺄셈까지도 도전해보기로 했다.

"5빼기 3은 2! 후~ 여전히 자연수가 답이 되는군. 그렇다면 이것도 까삐 녀석이 만들어놓은 교환법칙대로 반대로 빼도 답이 같겠지."

이그노리는 체념한 듯 혼잣말로 중얼거리며 무심코 계산해보고 있었다.

그런데 "앗! 폐하, 이것 보십시오. 이건 교환법칙이 안 됩니다. 더구나 답도 자연수로는 나타낼 수 없는걸요."

$$5 - 3 = 2$$
$$3 - 5 = ?$$

"뭐라고! 어디? 오~ 시종장이 해냈구려. 어서 그 숫자와 뺄셈기호를 문에 있는 구멍에 넣어보구려."

왕이 칠판을 들여다보며 크게 소리쳤다.

"작은 수에서 큰 수를 빼면 자연수가 되지 않는 거 같아요!"

동수도 흥분이 되어 말했다.

"머뭇거릴 시간이 어디 있어! 빨리 문을 열어야지."

까삐가 숫자가 나오는 구멍의 손잡이를 돌리며 말했다. 숫자는 4와 7이 나왔다.

동수는 연산기호가 나오는 구멍 옆에 있는 손잡이를 잡고 힘차게 돌렸다. [+]와 [−]가 나왔다.

"흥! 저 새는 정말 꼴 보기 싫어."

이그노리가 까삐를 흘겨보며 까삐가 빼낸 4를 먼저 [=]가 표시되어 있는 구멍에 넣었다. 그리고 동수가 빼낸 연산기호 중 뺄셈기호인 [−]를 [=]가 있는 구멍에 넣은 후 다시 7을 넣었다.

[4−7]이 된 것이다. 그리고는 [=] 표시 곁에 붙어 있는 손잡이를 힘차게 돌렸다.

쿵! 철거덩!

와! 문이 열렸다! 시종장님 만세!

지켜보던 병사들이 일제히 함성을 지르며 기뻐했다.

"멍청이 시종장이 제법인데! 끽 끽 끽!"

동수는 물론이고 심지어 시종장을 싫어하는 까삐조차도 시종장을 칭찬하며 여기저기 날아다니면서 기뻐했다.

"두 자연수를 아무리 더하거나 곱할 지라도 언제나 자연수가 된다는 사실을 진작 알았더라면 문이 계속 닫혀 있던 이유를 알 수 있었을 텐데…. 그러면 공주를 더 일찍 구하러 갈 수 있었을 테고…."

왕이 혼잣말로 탄식하며 칠판에 커다란 글씨로 적었다.

• 두 개의 자연수를 합하면 항상 자연수
• 두 개의 자연수를 곱하면 항상 자연수

자연수의 닫힘 성질!

"이제부터 두 자연수를 더할 때 항상 자연수가 되는 것이나 두 자연수를 곱할 때 항상 자연수가 되는 것을 자연수의 **닫힘** 성질이라고 부르도록 하라!"

예~에~이!

왕이 단호하게 명령하자 모든 신하와 병사들이 일제히 큰소리로 대답했다.

동수는 가지고 있던 수첩을 얼른 꺼내서 몇 가지 메모를 했다. 이 수첩은 동수가 엄마께 중학교 입학선물로 받았던 거지만 아까워서 쓰지 않고 가지고만 다니던 것이었다.

자연수에 대한 가정
• 자연수는 항상 그보다 1이 큰 다음 자연수가 있다.
• 자연수는 항상 그보다 1이 작은 이전 자연수가 있다.
(단, 1보다 작은 자연수는 없다는 것에 주의)
• 자연수들끼리는 서로 순서가 있다.
예를 들면, 1<2 또는 2=2 아니면 2<3
• 자연수들끼리 덧셈하는 순서는 바꿔도 된다. 즉 교환법칙.

"뭣들 해! 어서 공주님을 구하러 가자! 모두 나를 따르라!"

이그노리가 열린 문을 박차고 나가며 소리쳤다. 병사들이 앞 다퉈 뒤를 따랐다. 동수도 겁에 질려 있을 공주를 생각하며 얼른 수첩을 호주머니에 넣고 발걸음을 재촉했다.

"앗! 저기!"

높은 곳에서 날던 까삐가 소리쳤다. 까삐는 혹시 숨어 있을지 모를 아리쓰매릭 왕국의 병사들은 살펴보기 위해서 일행보다 조금 앞장서서 날던 중이었다.

자연수

자연수는 1부터 시작해서 하나씩 커지는 수를 말해.

1, 2, 3, 4, 5, 6, 7, 8, 9, …

이렇게 자연수는 끊임없이 계속된단다.

이런 자연수에는 중요한 성질이 있어.

바로 **닫힘** 성질이야.

자연수는 아무리 더하거나 곱해도 항상 자연수가 된다는 거지.

그런데

자연수의 성질에 대해서는 몇 가지 가정이 있어.

첫째, 자연수에는 항상 자기보다 1이 큰 자연수가 있다는 거지.

둘째, 자연수에는 항상 자기보다 1이 작은 자연수가 있다는 거야.

그렇지만 자연수 중 1은 달라! 그 애보다 1큰 수는 있지만 1작은 수는 절대

없거든.

셋째, 자연수끼리는 서로 순서가 있어.

예를 들어 2는 1 다음에 오지. 그리고 2는 항상 3 이전에 오고.

물론 같은 수는 순서를 따질 필요가 없겠지.

넷째, 교환법칙이라는 것도 있어. 자연수끼리 덧셈을 할 때

그 순서는 바꿔도 된다는 거야.

예를 들어 2+3이나 3+2나 마찬가지라는 거지.

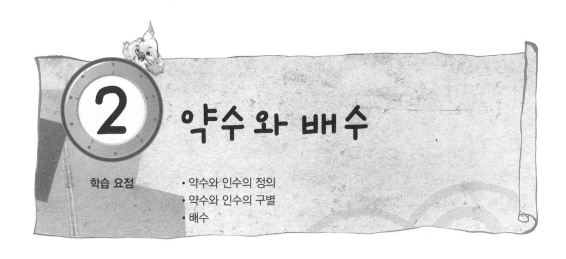

약수와 배수

학습 요점
- 약수와 인수의 정의
- 약수와 인수의 구별
- 배수

굳게 닫힌 마법의 돌문

"앗! 들켰다! 서둘러라!"

우당탕탕!

아리쓰매릭 왕국의 병사들 몇몇이 허겁지겁 달아났다.

"어딜!"

"아악!"

까삐가 쏜살같이 달려들어 그 중 한 병사를 쪼아 넘어뜨렸다.

쿠궁! 쿵!

바로 그때 단단하게 생긴 커다란 돌문이 힘차게 닫혔다. 아리쓰매릭 왕국으로 통하는 길이 또 다시 막혀버린 것이다. 그 사이 나머지 병사들은 아이쓰매릭 왕국 쪽으로 달아났다.

으~랏차!

매쓰매릭 왕국의 병사들 여럿이 함께 달려들어 돌문을 힘차게 밀어보았지만 꿈쩍도 하지 않았다.

쿵! 쿵! 깡! 깡!

커다란 쇠망치로 돌문을 힘차게 쳐보았다. 그러나 돌문이 어찌나 단단한지 오히려 쇠망치가 깨졌다.

"안 되겠다! 까삐가 잡아놓은 아리쓰매릭 병사를 데려오너라. 그자의 입을 열게 해서 돌문을 여는 방법을 알아내야겠다."

왕이 곁에서 시중들던 병사에게 명령했다.

"폐하! 제가 이미 그자에게 알아내보려고 온갖 노력을 해보았지만 모두 허사였습니다. 그자는 팩터라는 자이온데, 어찌나 지독한 녀석인지 얼러도 보고 달래도 보았지만 입을 굳게 다물고 도무지 한마디도 하지 않사옵니다."

이그노리가 난처한 표정으로 말했다.

"폐하! 저에게 맡겨주십시오. 제가 알아내고야 말겠습니다."

까삐가 자신만만하게 나서며 말했다.

"오! 그래. 어떻게든 돌문을 여는 방법을 알아내보거라!"

왕이 까삐를 돌아보며 간절한 표정으로 말했다.

"흥! 잘난 체하기는…. 새 주제에, 저라고 별수 있으려고?"

이그노리가 입을 씰룩거리며 말했다.

헤헤헤! 히히히! 킥킥킥!

"그만! 그만! 모두 말할게! 제발 그만…."

"정말 돌문을 여는 비밀을 모두 말할 거야?"

"킥킥킥! 그렇다니까! 헉 헉 헉! 제발 그만해!"

팩터가 도저히 참지 못하겠다는 듯이 말했다. 까삐가 팩터의 목덜미며, 겨드랑이 그리고 발바닥을 마구 쪼며 간지럼을 쳤기 때문이다. 팩터는 손발이 묶여 도망도 가지 못하고 너무 웃어서 숨도 제대로 쉴 수 없었다.

"그럼 어서 말해!"

"그게…. 저….".

"어? 아직도….".

"히히히! 킥킥킥! 알았다니까! 제발….".

말하려다 잠시 주저하는 팩터에게 까삐가 또 다시 달려들어 몇 번 더 간지럼을 쳤다.

"후 휴~ 자, 그럼 말할게! 돌문 앞에서 큰소리로 '열려라!' 하면서 20까지의 자연수를 외치면 돼. 열려라! 일(1), 열려라! 이(2), 이렇게 말이야."

"엥? 뭐가 그렇게 쉬워! 거짓말 아니야?"

"아니야! 그런데 몇 가지 조건이 있어. 조건 중 하나는 10번만 외칠 수 있다는 거야. 만일 10번 내에 정확히 숫자를 말하지 못하면 그 돌문은 영원히 열리지 않을 거야."

"20까지 숫자를 외치라면서 10번만 외칠 수 있다니, 그걸 말이라고 하니? 저 녀석이 거짓말을 하는 거야! 저 팩터 녀석이 저 멍청이 까삐 녀석을 놀리고 있는 거라고!"

이그노리가 조롱하는 투로 말했다.

"그래서 조건이 있다고 했잖아!"

팩터가 이그노리를 쏘아보며 말했다.

"다른 조건은 또 뭔데요?"

이번에는 동수가 끼어들며 팩터에게 정중하게 물었다.

"음, 다른 하나는 똑같은 수를 함께 묶어서 어떤 수를 만들 때 묶인 개수를 나타내는 수들이 있어. 가령 똑같은 2로 2+2+2 하고 3개 묶어서 6을 만든다면 그 3이 그런 수인 거지. 그 중에서 묶는 개수를 되도록 적게 사용해서 만든 순수한 수들이 있다는 거야. 그것들만 말하면 된대. 20까지의 자연수 중에는 그런 숫자가 8개가 있다더군."

"그럼 10번을 외칠 수 있는 기회 중에서 8번만 정확히 그런 수들을 맞히면 되겠네요?"

"그래 우리나라의 삐따꾸로스 시종장께서 우리 대왕께 하는 말을 우연히 들었어. 나도 그 이상은 몰라. 아참! 정확한 숫자를 말했을 때는 바위에서 **'옳거니!'** 하는 말이 나온대. 그리고 틀린 숫자를 말하면 **'약오르지~롱!'** 하는 말이 나온다고 했어."

팩터가 동수에게 아는 대로 솔직하게 말해주었다.

"어떤 수를 만들 때 같은 수들을 묶은 개수?"

"약수! 묶을 약(約), 셀 수(數)! 약수라고 하면 되겠네!"

동수의 혼잣말을 듣고 까삐가 새로운 이름을 만들어보았다.

"잠깐, 까삐야! 그럼 어떤 수를 만들 때 묶이는 데 사용되는 수는 뭐라고 부르는 것이 좋을까? 가령 앞서 팩터씨가 예로 든 6을 만들기 위해서 묶을 때 사용된 수가 2였잖아? 그 2와 같은 수들은 6을 만드는 데 씨와 같이 근본 수잖아. 그러니까 그런 것을 씨 모양 근본수라고 하면 어떻겠니?"

동수가 말했다.

"아휴~ 그건 너무 유치하다. 차라리 **인-수!** 인수라고 하면 어때? 어떤 수를 만드는 데 사용된 근본이 되는 수라는 뜻이야. 근본 인(因), 셀 수(數)!"

까삐가 또박또박 말했다.

"그래, 어떤 수를 만들 때 똑같은 수들을 묶은 개수는 약수라고 하고, 어떤 수를 만들 때 묶는 데 사용된 근본이 되는 수는 인수라고 하자! 그렇다면 우선 그 약수인지, 인수인지가 뭔가부터 제대로 이해해 두어야 되겠구나. 그런 다음에 약수를 가장 적게 갖는 순수하고 깨끗한 수들을 찾아내보도록 하자!"

왕이 매우 조급한 표정이 되어 말했다.

"폐하! 자연수 1이 되도록 묶는 수들부터 하나하나 연구해보았으면 좋겠어요."

동수가 나섰다.

"바쁜데 언제 한가하게 1부터….."

"아니야! 동수 말이 맞아. '바쁠수록 돌아가라'는 속담이 있어. 그럼 1을 만들려면 어떤 수들을 몇 번 묶어줘야지?"

왕이 동수의 말을 두둔해주며 물었다.

"그러니까 1의 약수를 말하는 거지요? 음….."

"1의 약수는 1 하나밖에 없지, 뭘 길게 생각하고 그래! 근본이 되는 1을 1번 묶는 것 말고 1을 만드는 방법이 또 있니?"

동수가 우물쭈물하자 이그노리가 다그쳤다.

"아하! 정말 그러네요. 그럼 2를 만들려면 어떤 수들을 몇 번 묶으면 될까요?"

"그것도 모르니? 2라는 인수를 1번만 묶으면 되지. 그러니까 2×1=2 하고 말이야. 그러니까 2의 약수는 1뿐이야."

이그노리가 동수의 질문에 자신 있게 대답했다.

"에이~ 멍청이! 또 한 방법이 있잖아! 1을 두 개로 묶어봐! 그래도 2가 되잖아. 1+1 하고 두 개로 묶으면 1×2=2로 된다고. 1이라는 인수 두 개를 묶은 거지. 그러니까 2도 2의 약수가 되는 거야! 그러니까 약수가 2개라고."

까삐가 이그노리를 조롱하며 말했다.

"그래, 그래! 내 생각에도 2의 약수는 1과 2 모두 되겠구나."

왕이 말했다.

"와! 그러면 3의 약수는 1과 3뿐이겠네요? 1×3 그리고 3×1뿐이니까요."

동수가 말했다.

"그렇다면 모든 약수는 두 개뿐인가? 4의 약수도 1×4, 4×1 해서 1과 4뿐이니까."

이그노리가 지루한 표정을 지으며 말했다.

"어? 시종장님. 4는 묶는 방법이 하나 더 있어요. 2를 인수로 하고 두 개 묶어보세요. 2×2=4, 그래도 4가 되잖아요? 그러니까 2도 4가 되도하는 약수인 게 확실해요."

새로운 것을 발견한 동수가 들뜬 목소리로 말했다.

"오호! 그래, 그러니까 4의 약수는 1, 2, 4가 되는군."

왕도 기쁜 목소리로 말했다.

"흥! 그럼 수가 커질수록 약수의 개수도 많아진다는 거야? 그렇다면 5는 약수의 개수가 3개나 4개 정도 되겠군?"

이그노리가 심통이 난 표정으로 말했다.

"멍청이! 5가 되려면 5×1, 1×5밖에 없으니 1, 5 단 둘뿐이잖아!"

까삐가 이그노리를 노려보며 말했다.

"어? 어떻게 된 거야! 도무지 정신을 차릴 수가 없군."

이그노리가 체념한 목소리로 말했다.

"6은 약수가 네 개나 되요! 묶는 방법이 4개나 된다고요!"

혼자 웅크리고 앉아 수첩에 적어보던 동수가 소리쳤다.

"뭐! 어디?"

왕이 동수의 수첩을 들여다보며 물었다.

> 1×6=6, 6×1=6, 2×3=6, 3×2=6
> 6의 약수는 1,2,3,6

"이것 보세요. 먼저 1을 6개로 묶어도 되고요. 6을 1개 묶어도 되요. 그리고 2를 3개 묶어도 되고, 3을 2개 묶어도 6이 되는 것을 알 수 있어요.

그러니까 6의 약수는 1, 2, 3, 6인 거지요."

"응? 그런데 6을 만들기 위해서 묶을 때 사용되는 근본이 되는 수인 인수도 마침 1, 2, 3, 6인데, 그럼 약수나 인수나 같은 수라는 거야? 어떻게 이런 일이 일어날 수 있지? 항상 그럴까?"

"어? 정말 그러네요! 그런데 자세히 살펴보니까 항상 그럴 수밖에 없을 거 같아요. 사실 인수는 어떤 수를 만들 때 재료처럼 원인이 되는 수이고 약수는 그 수를 묶은 개수이니까 인수와 약수는 전혀 다른 뜻이지만, 결국 수의 모양만 비교하면 항상 같을 수밖에 없네요. 정말 재밌는 일이예요. 깔깔깔!"

동수가 찬찬히 살펴보더니 소리 내어 웃으며 대답했다.

"폐하! 그런 약수를 찾는 일이라면 나눗셈을 이용하면 좀 더 쉽게 찾을 수 있을 텐데요."

디바이저라는 병사가 나서며 말했다. 그는 매쓰매릭 왕국에서 유일하게 나눗셈을 할 줄 아는 사람이었다. 그래서 나눗셈을 이해하지 못하는 이웃 사람들로부터 말도 안 되는 말을 한다고 항상 놀림을 받곤 했었다.

"그래? 어서 말해보거라!"

왕이 반가운 목소리로 디바이저에게 말했다.

"어떤 수를 나누었을 때 나머지가 전혀 없도록 만들어놓을 수 있는 수를 어떤 수의 약수로 해도 될 거 같아요."

"음, 그럼 여기에 그 방법으로 6의 약수를 다시 적어보거라!"

왕이 칠판을 가리키며 말했다.

"예~ 폐하!"

"오호! 역시 똑같이 약수를 알아낼 수 있구나."

$$6 \div 1 = 6 \text{ 나머지 } 0$$
$$6 \div 2 = 3 \text{ 나머지 } 0$$
$$6 \div 3 = 2 \text{ 나머지 } 0$$
$$6 \div 6 = 1 \text{ 나머지 } 0$$

6의 약수는 1, 2, 3, 6

왕이 칠판에 적어놓은 것을 보고 감탄스런 표정을 지었다.

"쳇! 어떻게 그런 방법을 생각해냈지?"

이그노리가 심통스런 표정을 지으며 물었다.

"약수가 어떤 수를 만들기 위해서 똑같은 수들을 묶은 개수라고 했으니까, 만들어진 어떤 수를 풀 때도 그 약수를 이용하면 되겠다고 생각했어요. 역시 묶인 것들을 푸는 것은 나눗셈이잖아요? 그래서 이렇게 해보았어요."

디바이저가 친절히 말해주었다.

"폐하! 재미있는 것을 발견했어요."

"뭣이냐?"

동수의 말에 왕이 눈을 크게 뜨며 물었다.

"어떤 수의 약수는 단지 몇 개로 정해지잖아요? 예를 들면 4의 약수는 1, 2, 4 그리고 6의 약수는 1, 2, 3, 6 그렇게요."

"그건 그렇지. 그런데 무슨 말을 하려는 거냐?"

"그런데 묶어서 만든 어떤 수를 다시 인수로 해서 계속 묶어나가면 새로운 수들이 계속 만들어질 수 있을 것 같아요. 그러니까 묶은 수들을 또 자꾸 묶어나가는 거죠."

"그게 무슨 말이냐? 칠판에 예를 들어 적어보거라!"

2를 점점 더 많이 묶어
만들어지는 수들:
2, 4, 6, 8, …

"예, 폐하. 예를 들면 처음 2를 인수로 갖는 수를 하나로 묶어서, 그러니까 약수를 1로 해서 2를 만들죠. 그리고 그 2를 2개 묶어서 그러니까 2를 약수로 해서 4를 만들고, 2를 3개 묶어서 6을 만들고, 또 4개 묶으면 8이 되겠죠."

"오호! 정말 어떤 특정한 수를 계속 묶어나가면, 그러니까 묶는 개수를 키워나가면, 아니 약수의 크기를 더욱 크게 만든다고 해야겠구나. 그러면 수가 계속 끊임없이 커지겠구나."

왕이 칠판을 들여다보며 신기한 듯 말했다.

"폐하! 그건 너무 당연한 말이지요. 2를 1개로 묶고, 2를 2개 묶고, 2를 3개 묶고, 2를 4개 묶고…, 2를 계속 더 보태서 묶기만 하면 2, 4, 6, 8, … 로 계속 될 테니까요. 그런데 동수는 무슨 말을 저렇게 길게 써놓는담. 2를 점점 더 많이 묶어 만들어지는 수들이라고?"

길게 이름을 붙이는 것을 질색하는 이그노리가 비아냥거리는 투로 말했다.

"그럼 **배-수**라고 하면 되잖아! 2의 배수, 3의 배수 …, 이렇게! 어떤 수를 만들기 위해서 어떤 인수를 2개씩 묶고, 3개씩 묶고 하는 것은 사실 2 곱하고, 3 곱하고 하는 것과 같으니까 말이야!"

까삐가 이그노리를 쏘아보며 소리쳤다.

"흥! 배수, 배수라고? 그럼 2, 4, 6, 8, … 등이 2의 배수라는 거야? 웃기고 있네!"

이그노리가 눈을 흘겨 까삐를 노려보면서 밖으로 나가버렸다.

"곱할 배(倍), 셀 수(數), 곱해서 만들어지는 수라는 뜻이에요!"

까삐가 날개를 크게 한 번 퍼덕이며 왕에게 말했다.

"그래, 까삐 말대로 어떤 수를 만들기 위해서 똑같은 수를 한 번, 두 번, 세 번 곱해서 만들어지는 수를 배수라고 하자!"

왕이 까삐가 만든 말을 흔쾌히 인정해주었다.

"폐하! 폐하! 찾았사옵니다!"
밖에 나갔던 이그노리가 헐레벌떡 뛰어 들어오면서 외쳤다.

약수와 인수

모든 사물이 존재하는 데는 원인이 있어.

아름다운 구슬목걸이도 마찬가지야.

구슬목걸이를 만들기 위해선 구슬이 반드시 필요해.

구슬은 구슬목걸이가 탄생하는 데 꼭 필요한 원인이 되는 거지.

물론 목걸이를 완성하기 위해서는 구슬들을 모두 묶어 목에 걸 수 있게

한 줄로 만들어야 해.

수(數)도 같은 모습이야.

어떤 자연수가 태어날 땐 그 원인이 되는 수와 묶는 방식이 있지.

이때 원인이 되는 수를 인수라고 하고 묶는 방식을 약수라고 해.

자연수 4의 탄생비밀을 볼까?

이건 자연수 1을 4개 묶어서 만들 수 있어.

1+1+1+1=1×4=4, 이때 1이 인수이고 묶는 방법인 4가 약수지.

근데 자연수 2를 2개 묶어서도 만들 수 있단다.

2+2=2×2=4, 이땐 앞의 2가 인수고 뒤의 2는 약수야.

물론 자연수 4를 한 번 묶어서도 만들 수 있어.

4×1=4, 이땐 4가 인수이고 1이 약수지.

자! 그럼 자연수 4의 인수를 모두 살펴볼까?

1, 2, 4가 될 수 있겠군.

그럼 자연수 4의 약수는?

4, 2, 1이 되겠네.

어? 그럼 자연수의 인수는 약수와 결과적으로는 똑같다는 거?

맞아, 인수와 약수는 역할은 다르지만 그 역할이 항상 바뀔 수 있고

결과는 같단다.

약수와 배수

엄마의 구슬목걸이를 놓고 구슬을 몇 개씩 묶어서 목걸이를
만들었는지 확인하려면 할 수 있겠니?
만일 10알의 구슬로 만들어진 목걸이라면 1개씩 10개로 각각 묶어서도
만들 수 있을 것이고, 2개씩 5묶음으로도 만들 수 있을 거야.
물론 5개씩 2묶음으로 만들어도 되겠지.
아예 10개를 한 묶음으로 해서 만들 수도 있지.
그러니까 10알로 된 구슬목걸이를 만들기 위해서 묶는 방법은
1, 2, 5, 10, 즉 단 4개의 묶는 방법뿐이지.
그러니까 10의 약수는 단 4가지뿐이야.

그런데 누군가 너에게 물었어.
2개씩 묶인 구슬을 계속 줄 테니까 이들을 묶어 목걸이를 만들면
몇 종류의 목걸이를 만들 수 있겠냐고.

$$2 = 2 \times 1 = 2$$
$$2 + 2 = 2 \times 2 = 4$$
$$2 + 2 + 2 = 2 \times 3 = 6$$
$$2 + 2 + 2 + 2 = 2 \times 4 = 8$$
$$\cdots\cdots$$

잘 봐! 2알을 가진 목걸이부터 수도 없는 종류가 만들어질 거야.
2에 자연수를 곱한 수만큼 많이….
이렇게 어떤 수에 곱해서 만들어지는 수를 배수라고 해.
그러니까 1수에 약수를 곱하면 배수가 되는 거지.
그래서 배수는 셀 수 없이 무한대로 많단다.

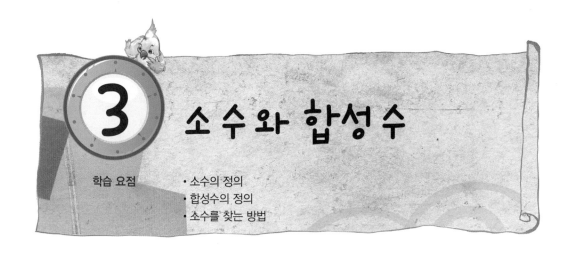

마법의 돌문을 열어라!

"뭘 찾았단 말이요? 시종장."

왕이 눈을 크게 뜨면서 말했다.

"돌문을 열 수 있는 숫자 말이옵니다."

"그럼 약수를 가장 적게 갖는 순수한 수를 찾았단 말이요?"

왕이 자리에서 벌떡 일어나며 소리쳤다.

"예, 그러하옵니다. 폐하!"

"오~ 장하오! 어서 말해보시오."

"그건 바로 1이옵니다! 1은 자기 자신만 약수로 갖고 있사옵니다. 더구나 1 이외에 다른 수가 전혀 섞여 있지 않으니 얼마나 순수하고 깨끗하옵니까? 색깔로 표현하면 흰색이옵니다."

"오호라, 맞아! 바로 1이었어! 대단하오. 시종장!"

이그노리의 설명을 듣고 왕이 무릎을 탁치며 말했다.

"그렇지만 폐하, 오로지 자기 자신만 약수로 갖고 있는 수는 1 하나뿐이

58

어요. 팩터 말로는 20까지 안에 순수한 수가 8개가 있어야 된다고 했거든요. 혹시 다른 규칙이 더 필요할 수도….”

“닥쳐! 왜 괜히 심술을 부리는 거지? 그 팩터 녀석은 적군이야. 그자가 모두 솔직하게 말했겠어? 우리를 헷갈리게 하려고 일부러 여러 개의 수가 있다고 했을지도 모른다고!”

이그노리가 크게 화를 내며 동수의 의견을 무시했다.

“그래, 어서 돌문을 열러 가자!”

왕이 서둘러 돌문 쪽으로 앞서가며 말했다.

열려라! 일

약 오르지~롱!

열…

“폐하! 그만….”

동수가 급히 달려들어 왕이 다시 한 번 더 ‘**열려라! 일**’이라고 되풀이하려는 것을 간신히 막았다. 10번을 말할 수 있는 기회 중 한 번을 더 헛되이 잃을 뿐이기 때문이었다.

“음…. 어찌 이런 일이.”

왕이 실망스런 표정으로 그 자리에 풀썩 주저앉았다.

“어서 그 팩터인가 빽터인가 하는 녀석을 냉큼 데려오너라!”

이그노리가 병사들에게 고래고래 소리를 질렀다.

“여기 팩터를 데려왔습니다! 시종장님.”

“네, 이 노~오 옴! 네가 한 말은 모두 거짓말이지?”

이그노리는 팩터를 보자마자 대뜸 소리를 지르며 다그쳤다.

"왜 그래! 나는 모두 사실만을 말했을 뿐이라고. 저놈의 새가 하도 간지럼을 태우는 바람에…. 물론 저 착하게 생긴 애송이가 예의 있게 대해주니까 모두 말해주고도 싶었고."

팩터가 두 손이 뒤로 묶인 채로 턱으로 까삐와 동수를 가리키며 말했다.

"그럼 왜 '**열려라! 일**'을 외쳤는 데도 저놈의 돌문이 '**약 오르지~롱!**'이라고 하며 열리지 않지?"

"아하! 그래서 이리 날뛰는구나. 내가 진작 그 말은 해주지 않았군. 1은 아니래~! 우리 삐따꾸로스 시종장님이 그랬어."

"그런데 그 말은 왜 진작 하지 않았지?"

"미안! 미안! 그런데 조금만 생각해보면 알 수 있지 않겠어? 1이 다른 숫자가 섞이지 않은 자기 자신만을 약수로 갖는 깨끗한 수인 것은 사실이야. 그런데…. "

"그런데 뭐가 문제지?"

시종장이 팩터에게 얼굴을 바짝 들이밀며 따졌다.

"생각해보라고! 1은 모든 수에 들어 있어. 모든 수의 약수란 말이지. 2에도 들어 있고, 3에도 들어 있고…. 그럼 1 이외에 순수한 깨끗한 수를 어떻게 더 찾을 수 있겠니? 그래서 1은 순수한 깨끗한 수를 구별할 때 제외했을 거라고."

"으~음! …. 그런데 '순수한 깨끗한 수'가 도대체 뭐야! 무슨 수 이름이 그렇게 기냐고!"

할 말을 잃고 신음소리만 내던 이그노리가 갑자기 버럭 소리를 지르며 이름이 너무 길다고 트집을 잡았다.

"아유! 깜짝이야. 왜 그렇게 소리를 지르고 그래!"

왕의 옷걸이 위에 앉아서 졸고 있던 까삐가 눈을 번쩍 뜨며 신경질적으로 말했다.

"웅? 저 녀석까지…. 순수한 깨끗한 수라는 이름이 너무 길어 짜증나서 그런다! 이놈아."

이그노리가 까삐를 홱 돌아보며 소리쳤다.

"그런 거라면 진작 내게 부탁을 하지~이. **소-수**! 소수라고 하면 되잖아! 흴 소(素), 셀 수(數). 티 없이 깨끗한 것은 색깔로 나타내면 흰색이니까 하얀색 수라는 뜻이야. 너도 아까 폐하께 그랬잖아! 순수하고 깨끗한 것을 색으로 표현하면 흰색이라고."

까삐가 생글생글 웃으면서 이그노리에게 말했다.

"흥! 소수? 소수라고 하면 0.1, 0.02 등을 나타낼 때 쓰는 말과 헷갈리잖아! 멍청하기는…."

이그노리가 코웃음을 치며 말했다.

"그건 한문을 모르니까 그렇게 말하지. 그럴 때 말하는 소수는 작을 소(小)자를 사용한다고! 작은 수라는 뜻이야! **소수**(小數)! 알겠어?"

까삐가 버럭버럭 소리를 지르며 말했다.

"저…."

이그노리는 까삐가 만든 말에 대하여 뭔가 더 꼬투리를 잡으려다 참았다. 자신도 왕에게 순수하고 깨끗한 수를 말할 때 하얀색으로 표현했었기 때문이었다.

"그래, 소수라는 이름은 시종장 말대로 0.1 등 우리가 알던 소수와 약간 헷갈리기는 하구나. 하지만 순수한 수라는 뜻을 잘 나타내는 말인 것은 분명하니 까삐가 만든 대로 그 말을 그대로 쓰자꾸나.”

왕이 정리해서 말했다.

“폐하! 어떤 수를 하나 잡아서 아주 간단하게 분해해보면 소수를 찾을 수 있지 않을까요?”

한 구석에서 골똘히 생각하던 동수가 활짝 웃으며 말했다.

“어떻게 한다는 것이냐? 좀 더 자세히 말해보거라.”

왕이 동수에게 좀 더 다가서며 말했다.

“디바이저 아저씨가 말했던 약수 찾는 방법을 이용해서 어떤 수를 아주 간단한 작은 조각의 수로 계속 나누어보면요. 어떤 수를 나누어서 나머지가 0이 되게 만들고 그 몫을 또 나누어서 나머지가 0이 되게 만들다 보면, 더 나눌 수 없는 아주 작은 조각의 깨끗한 수가 소수가 될 거예요.”

동수가 점점 자신에 찬 목소리로 말했다.

“그렇게 자신 있으면 예를 들어보라니까?”

이그노리가 다그쳐 말했다.

“가령 12를 2로 나누면 몫이 6이 되고 나머지는 0이 되지요. 그런데 6은 또 나누어질 수 있는 수예요. 그래서 한 번 더 2로 나누어봐요. 그러면 몫은 3이 되고 나머지는 0이지요. 자, 이제 이 3을 더 작게 나눌 수 있나요?”

“3의 약수는 1과 3이니 더 나눌 수는 없군! 그럼 3이 소수라고 주장하려는 거야? 그런데 12를 왜 꼭 2로 나누어야 되는 거지? 3으로 나눌 수도 있는 거잖아!”

이그노리가 어떻게든 동수의 생각에 꼬투리를 잡으려 했다.

“그럼 12를 3으로 나누어보죠. 그러면 몫이 4가 되고 역시 나머지는 0

이 되네요. 그런데 4를 또 한 번 나눌 수 있어요. 이번에는 어쩔 수 없이 2로 나누어야 되겠군요. 이번에는 몫이 2가 되고 나머지는 0이 되네요. 아! 그러면 2도 역시 깨끗한 수라고 할 수 있겠네요. 2도 약수가 1과 자기 자신인 2밖에 없으니까요. 안 그래요? 시종장님."

동수의 목소리는 자신감으로 더 커졌다.

"너는 1과 자기 자신만을 약수로 갖는 수를 소수라고 말하려는 거냐? 그렇게 경솔하게 함부로 약수를 2개씩이나 갖는 수들을 소수라고 결정했다가 만일 그것들이 소수가 아니라는 것이 드러나서 돌문이 영원히 열리지 않게 되면 어떻게 책임질래!"

이그노리가 눈까지 부릅뜨며 동수에게 따졌다.

"그래, 이번에는 좀 더 신중하게 결정하자."

왕도 불안한 표정으로 동수에게 말했다.

와아! 에라토스테네스다!

땅에 끌릴 듯 긴 수염을 펄럭이며 이상한 모습을 한 사람이 들어오자 신하와 병사들이 일제히 소리쳤다.

마술사 에라토스테네스였다.

"폐하! 순수한 깨끗한 수를 찾아내야 공주님을 구할 수 있다는 소식을 듣고 왔사옵니다."

"오호! 고맙소. 그대의 소문은 익히 들었소. 아, 한 가지 그대에게 해줄 말이 있소. 이제부터는 순수한 깨끗한 수를 소수라고 부르기로 했다오."

"예, 폐하. 아주 부르기도 쉽고 깨끗한 느낌의 이름이옵니다."

에라토스테네스가 고개를 끄덕이며 말했다.

"그런데 에라토스테네스! 그대는 소수를 찾을 수 있는 방법을 가지고는 온 것이오?"

"예, 폐하. 바로 이것이옵니다!"

"그게 뭐요? 그건 체가 아니오? 그리고 그것들은 구슬이고."

"예, 맞사옵니다. 그런데 특별한 체이지요. 여기에 이 숫자가 씌어져 있는 구슬들을 차례로 넣으면 소수만 걸러져서 남고 다른 수들은 모두 아래로 빠져나갈 것이옵니다."

"정말이오? 어서 구슬을 그 체에 넣어보시오."

"예, 폐하. 먼저 1을 넣어보겠사옵니다."

"어라? 1이 빠져버렸네! 정확하군!"

지켜보던 이그노리가 놀라 소리쳤다.

"소수가 아니라는 뜻이지요."

에라토스테네스가 침착하게 말하며 이번에는 2라는 숫자가 적혀 있는 구슬을 체에 넣었다.

"이번에는 체에 그대로 남았잖아! 그러니까 2는 소수라는 뜻? 아까 동수가 2를 소수라고 하려 한다고 저 멍청이가 심통을 부리더니. 진짜 소수라잖아!"

까삐가 이그노리를 노려보며 말했다.

에라토스테네스는 자연수의 순서대로 계속해서 차례대로 숫자 구슬을 넣었다.

③ ⑤ ⑦ 은 체에 그대로 남았고 ④ ⑥ ⑧ 은 체에서 빠져나와 바닥으로 굴러 떨어졌다. 그러니까 3, 5, 7은 소수이고 4, 6, 8 등은 소수가 아니라는 뜻이었다.

"그런데 어떻게 이런 신기한 체를 만들 수 있었어요?"

에라토스테네스 옆에서 바닥에 떨어진 구슬을 다시 자루에 담는 일을 도와주던 동수가 물어보았다.

"배수를 이용했단다."

"배수요?"

"그래! 나도 처음에는 약수가 하나인 1을 가장 깨끗한 수, 그러니까 소수로 생각했지. 그러나 1은 세상에 하나밖에 없잖니? 돌문을 열려면 8개의 소수가 필요한데 말이야. 그래서 1은 절대로 소수가 아닐 거라고 믿게 되었어."

"어? 저도 그렇게 생각했었어요."

동수는 에라토스테네스의 생각도 자신과 같아서 신기했다.

"그리고 다음에 생각해낸 것이 배수야! 그래서 이 표를 준비했지."

~~1~~	2	3	~~4~~	5	~~6~~	7	~~8~~	~~9~~	~~10~~
11	~~12~~	13	~~14~~	~~15~~	~~16~~	17	~~18~~	19	~~20~~
~~21~~	~~22~~	23	~~24~~	~~25~~	~~26~~	~~27~~	~~28~~	29	~~30~~
31	~~32~~	~~33~~	~~34~~	~~35~~	~~36~~	37	~~38~~	~~39~~	~~40~~
41	~~42~~	43	~~44~~	~~45~~	~~46~~	47	~~48~~	~~49~~	~~50~~

에라토스테네스가 숫자가 적힌 표를 보여주며 말을 이었다.

"자, 우선 1은 무조건 지웠어. 소수에서 제외하기로 했으니까. 다음에 자연수 중에서 1을 제외하고 가장 작은 2를 선택했지. 그래서 2는 남기고 2의 배수를 모두 지워본 거야. 이들은 적어도 3개 이상의 약수를 가지고 있는 것들이기 때문에 순수한 수가 아닐 거라고 생각했거든. 그랬더니 4, 6, 8, 10, 12, 14, … 등 2의 배수들이 모두 지워지게 되었어."

"와아~ 그렇게 지우다 보면 표에 있는 50가지 수 중에서 절반이 지워지게 되었겠네요? 아무튼 2 이외의 짝수는 모두 지워질 테니까요."

동수가 놀란 표정으로 말했다.

"그렇지. 그리고 다음에는 지워지지 않고 남아 있는 수들 중에서 2보다 큰 수 중 가장 작은 수를 찾아보았지. 3이었어. 그래서 3을 선택해서 남겨 놓고 3의 배수를 모두 지워나갔지. 그랬더니 6, 9, 12, 15,18, 21, … 등 3의 배수를 모두 지우게 되었지. 이 중에서 6, 12, 18, … 등은 2의 배수를 지울 때 이미 지웠기 때문에 지우는 데 훨씬 힘이 덜 들었어."

"정말 그랬겠네요. 어? 그러면 남아 있는 수가 별로 없게 되었겠네요? 우와~! 소수를 찾기가 훨씬 쉬워졌을 것 같아요."

"음, 그래. 나는 또 3보다 큰 수로 지워지지 않은 수 중 가장 작은 수를 찾았어. 5였지. 4는 2의 배수로 이미 지워졌으니 건너뛰게 된 거지. 그래서 5를 남겨두고 5의 배수를 지워나갔어. 10, 15, 20, 25, … 등이지."

"10, 15, 20, … 등은 2의 배수나 3의 배수를 지울 때 이미 지워졌었겠지요?"

"맞아! 물론이야. 그래서 5의 배수에서 특별히 지운 수는 25, 35뿐이었어."

"그 다음에는 7을 남겨두고 7의 배수를 찾으셨겠네요? 6은 2의 배수도 되고 3의 배수도 되니까 이미 지워졌을 테니까요."

"물론이지. 와! 너도 정말 소문대로 천재구나! 아무튼 그래서 7의 배수를 지우기 위해서 열심히 찾아보았단다. 그런데 이미 2의 배수, 3의 배수, 5의 배수 등을 지울 때 많이 지워져서 7의 배수로 지울 수 있는 것으로 남은 것은 49밖에 없었어."

"이제 거의 모두 지워져서 7보다 큰 수로 지워지지 않은 수는 남지 않았을 것 같은데, 또 있었나요?"

"8, 9, 10은 모두 지워졌고 11이 남아 있었지. 그래서 11의 배수를 찾아보았더니 50 안에서는 찾을 수가 없었어. 그리고 남은 수들은 13, 17, 19 그리고 23, 29, 31, 37, 41, 43, 47이 있었는데, 50 안에서는 11의 배수가 없던 것처럼 역시 그 수들의 배수도 전혀 찾을 수가 없었어."

"그럼 50 안에서 지워지지 않은 수는 고작 15개밖에 없었단 말이네요?"

"그렇지. 그런데 이 15개의 지워지지 않은 수들을 보면서 특별한 것을 하나 발견할 수 있었단다. 뭔지 알겠니?"

"글쎄요?"

"이 수들은 1이나 자기 자신으로밖에 더 이상 나눌 수가 없다는 거야. 1이 섞여 있기는 하지만 깨끗한 수지."

"그러니까 1을 그 수들만큼 묶거나 그 수들을 1번만 묶으면 그 수들이 된다는 거니 약수가 1과 자기 자신만 있다는 뜻도 되겠네요?"

"바로 그거야! 그래서 나는 1과 자기 자신만 약수로 갖는 수들이 이 세상에서 가장 깨끗한 수, 그러니까 소수일 거라고 생각했던 거지. 그래서 그런 수가 적혀 있는 구슬은 체에 남고 그런 수가 아닌 것들…. 음, 그러니까 1과 자기 자신뿐만 아니라 그 이외에 약수를 더 가지고 있어서 약수가 3개 이상인 자연수, 이런 수들을 뭐라 할까? …?"

"**합성수**! 합할 합(合), 이룰 성(成), 셀 수(數), 여러 인수가 합해서 이루어지는 수라는 뜻이어요. 어때요?"

곁에 앉아서 잠자코 이야기를 듣던 까삐가 참견하고 나섰다.

"오! 그래. 마음에 드는 이름인데! 1이나 소수가 아닌 것으로서 약수가 3개 이상인 자연수는 **합성수**라!"

에라토스테네스가 까삐를 보고 빙긋이 웃으며 말했다.

"그래, 나도 까삐가 만든 합성수란 이름이 마음에 쏙 드는군. 그런데 에라토스테네스! 그러니까 그대가 만든 체도 소수만 남고 합성수들은 모두 밑으로 빠져나가도록 만들었단 말이오?"

"예, 그러하옵니다. 폐하."

"듣고 보니 이제야 확실하게 소수를 찾은 것 같군."

동수와 에라토스테네스의 대화를 줄곧 지켜보던 왕도 이제 돌문을 열 수 있겠다는 희망에 너무 기뻤다.

- 1과 그 자신만 약수로 갖는 자연수: 소수
  * 1은 절대 소수가 아님
- 약수가 세 개 이상인 자연수: 합성수

소수 / 합성수

"폐하! 어서 돌문을 열고 공주님을 구하러 가야지요. 소수를 찾았는 데 도 이렇게 한가하게 있으면 안 되옵니다."

이그노리가 마치 자신이 소수를 찾아낸 양 호들갑을 떨었다.

"오! 그래. 어서 서둘러 돌문으로 가자. 그런데 에라토스테네스가 찾아 놓은 소수들 중에 20보다 작은 소수들은 뭐가 있지?"

"여기에 모두 적어놓았습니다."

동수가 수첩을 왕에게 보여주며 말했다.

2, 3, 5, 7, 11, 13, 17, 19

"오! 정말 8개구나! 이번에 이 수들은 소수가 틀림없을 거야."

동수의 수첩에서 수들을 확인한 왕은 더욱 마음이 설렜다.

"어서 외쳐보시옵소서!"

"음, 잠깐만, 잠깐만…. **푸 후~**"

이그노리가 재촉했지만 왕은 너무 긴장해서 숨만 크게 쉴 뿐 좀처럼 주 문을 외치지 못했다. 이제 주문을 말할 수 있는 기회는 아홉 번뿐이다. 만 일 동수의 수첩에 있는 수가 틀린 수이거나 잘못보고 틀리게 수를 외치는 날이면 영원히 돌문을 열지 못할 수도 있기 때문이었다.

왕은 천천히 돌문 앞으로 갔다.

"열려라! 이"

위이잉~

"옳거니!"

와아!

드디어 돌문이 열리기 시작했다.

"열려라! 삼" "옳거니!"

"열려라! 오" "옳거니!"

왕은 숨도 쉬지 않고 계속 외쳤다. 드디어 17까지 주문을 외치고는 눈을 감고 잠시 멈췄다. 그리고 숨을 크게 한 번 들이쉬고는 마지막 수를 큰소리로 외쳤다.

"열려라! 십-구!" "옳거니!"

스르르르르르릉 쿠궁!

와아~ 만세!

돌문이 열렸다! 어서 공주님을 구하러 가자!

병사들이 일제히 열려진 돌문을 지나 아리쓰매릭 왕국을 향해서 힘차게 달려 나갔다.

왕도 백마를 타고 달려갔다.

따가 닥! 따가 닥!

히히히히힝! 투닥! 투닥!

"폐하! 조심하십시오!"

이야앗! 으아아아아아아아아 …

소수와 합성수

자연수는 셀 수 없이 많아.

그렇지만 자연수를 종류별로 보면 크게 3가지로 나눌 수 있지.

1과 소수 그리고 **합성수**야.

1은 세상에서 하나밖에 없는 아주 유일한 수지.

그리고 **소수**는 약수가 1과 자기 자신 딱 둘만 있는 아주 깨끗한 수란다.

그래서 자기 혼자만 약수인 1은 절대 소수가 될 수 없어.

약수가 셋 이상 있다면 그런 수는 모두 **합성수**라고 해.

소수가 둘 이상 섞여 있는 수들인 거지.

그러니까 대부분의 자연수는 합성수란다.

셀 수 없이 많은 세상의 자연수들을 크게 둘로 나누면?

홀수와 짝수로 나눌 수 있지.

그래서 홀수에도 셀 수 없이 아주 많은 소수가 있어.

그럼 짝수에는 얼마나 많은 소수가 있을까?

신기하게 단 하나밖에 없단다. 바로 2야.

고대 그리스의 수학자인 에라토스테네스라는 사람이 어떤 수의 배수를

지워나가는 방식으로 소수를 찾는 방법을 만들어냈지.

즉 지워지지 않고 남는 수들이 소수라는 거야.

그래서 그 방법을 에라토스테네스의 체라고 해.

그 방법으로 2의 배수를 지워나가면 2 외에 모든 짝수가 지워지게 된단다.

아무튼 소수는 소인수분해 등 여러 곳에서 아주 중요하게 쓰인단다.

동수네반 쪽지 시험

합성수

1 다음 중 소수가 <u>아닌</u> 것을 모두 찾으면?

① 3   ② 13   ③ 4

④ 11   ⑤ 33

정답 ③ ⑤
① 3의 약수는 1과 3뿐이다. 따라서 소수다.
② 13의 약수도 1과 13뿐이다. 따라서 소수다.
③ 4의 약수는 1, 2, 4로 세 개나 된다. 따라서 합성수다.
④ 11은 약수가 1, 11로 둘뿐이다. 따라서 소수다.
⑤ 33의 약수는 1, 3, 11, 33으로 네 개가 된다. 합성수다.

소수

2 다음 중 약수를 2개 갖고 있는 수를 모두 고르면?

① 1   ② 5   ③ 7

④ 15   ⑤ 17

정답 ② ③ ⑤   약수를 2개 갖고 있는 수는 소수이다.
① 1은 약수가 한 개뿐이다. 따라서 소수가 아니다.
② 5는 약수가 1과 5 둘뿐이다. 따라서 소수다.
③ 7은 약수가 1과 7 둘뿐이다. 따라서 소수다.
④ 15는 약수가 1, 3, 5, 15로 네 개나 된다. 따라서 합성수다.
⑤ 17은 약수가 1, 17로 둘뿐이다. 따라서 소수다.

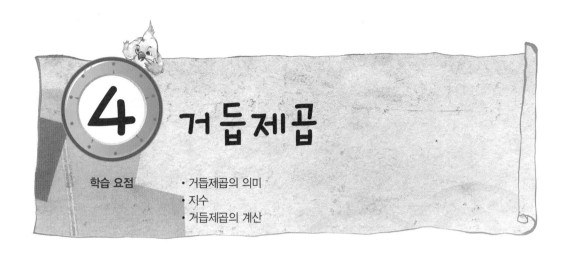

4 거듭제곱

학습 요점
- 거듭제곱의 의미
- 지수
- 거듭제곱의 계산

괴물 고르곤을 무찔러라!

"으으으음! 으으으~"

"폐하! 정신이 드시옵니까?"

"으~음, 여기는…."

"궁궐이옵니다."

"무슨 일이 일어났던 것이냐?"

"하마터면 큰일 날 뻔했사옵니다. 아리쓰매릭 왕국으로 통하는 길에 깊고 커다란 웅덩이가 있었습니다. 숲이 우거진 길 한가운데에 있어서 하마터면 폐하께서 말과 함께 빠질 뻔했죠. 그런데 경호대장 파워가 폐하와 말을 가까스로 구하고 대신 웅덩이로 빠졌사옵니다."

"오~ 저런! 그래, 파워는 구조했느냐?"

"그게…. 웅덩이에는 무서운 괴물이 지키고 있고 공주님을 구해야 하는 일이 너무 급해서…."

"아니! 그게 무슨 소리냐? 어서 파워부터 구해야지! 여봐라, 시종장은 어디 있느냐?"

왕은 파워가 여전히 함정에 빠져서 구조되지 못하고 있다는 말에 자리에서 벌떡 일어나서 이그노리를 찾았다.

"폐, 폐하! 깨어나셨다고요? 정말 다행이옵니다. 소신들은 지금 공주님을 구하러 가기 위해서 열심히 준비하고 있사옵니다."

시종장이 헐레벌떡 궁궐 안으로 들어오면서 말했다.

"오, 시종장! 공주를 구하는 일은 파워를 구한 다음의 일이요. 우선 최선을 다해서 반드시 파워를 구해야 할 것이오. 그런데 괴물이라니? 그게 무슨 말이오."

"웅덩이에 사는 고르곤이라는 괴물이옵니다. 입으로 불을 내뿜어 모든 것을 태워버린다고 하옵니다. 그리고 그 괴물이 뿜어내는 입김에 닿기만 하면 온몸이 가려워서 견딜 수가 없다고 하옵니다. 우리 병사들 3명도 그 입김에 쏘였는데, 너무 가려워서 잠을 한숨도 자지 못하고 온몸을 피가 나도록 긁으며 울고 있사옵니다."

"오호~ 정말 무서운 괴물이구려!"

"그뿐이 아니옵니다. 그 녀석의 방귀는 정말 지독하옵니다. 그 방귀 냄새를 맡으면 계속 재채기가 나와서 견딜 수가 없다고 하옵니다."

"그럼 그 괴물 녀석을 물리칠 무기가 우리 왕국에는 전혀 없다는 것이요?"

왕이 안타까운 표정으로 울상이 되어 물었다.

"있기는 하옵니다. 붉은 고춧가루와 노란색 겨자열매 즙 그리고 초록색 고추냉이 열매를 으깬 것을 모두 섞어 만든 양념폭탄을 준비해두었습니다."

"오! 괴물을 물리칠 적당한 무기가 있다니 참 다행이구려. 그런데 뭐가 또 문제란 말이요. 그렇다면 어서 그 괴물을 물리치고 파워를 구해내야지."

"그 녀석이 가지고 있는 특별한 성질 때문이옵니다."

"특별한 성질? 그게 무슨 말이요, 시종장."

"고르곤은 머리가 쪼개지면서 뱀 모양의 머리 수가 자꾸 늘어나는 괴물이옵니다."

"뱀 모양 머리의 개수가 늘어난다고? 오호! 정말 해괴망측한 괴물이군. 그런데 머리 개수는 언제 늘어나는 것이오."

"웅덩이 위에서 벼락이 칠 때이옵니다. 시커먼 먹구름이 웅덩이 위로 지나갈 때 번개가 치고 천둥이 울리면 웅덩이 속에 있는 괴물의 머리가 둘로 쪼개지면서 새로운 머리가 됩니다."

"으~~ 세상에⋯. 어찌 그런 괴물이 다 있단 말이오."

왕은 너무 놀라서 몸을 부들부들 떨었다.

번 쩍!

콩! 우 루 루 루 루 루 루 루 루⋯

와아! 웅덩이 위에서 또 번개가 쳤다!

검은 구름이 웅덩이 위로 몰려올 때부터 걱정스럽게 지켜보던 병사들이 일제히 소리쳤다.

"우후~~ 이제 그 고르곤인가 하는 괴물의 머리는 도대체 몇 개나 된 것이오."

왕이 떨리는 목소리로 말했다.

　"벼락이 치지 않았을 때는 원래 머리가 한 개였는데, 벼락이 네 번 쳤으니까… 음, 처음 한 번 쳤을 때 둘로 쪼개져서 2개가 되었을 것이고, 두 번째 벼락이 쳤을 땐 그 둘이 각각 쪼개져서 4개가 되었을 것이며… 음, 세 번째 벼락이 쳤을 때 4개가 모두 반씩 쪼개졌으면… 음, 하나, 둘, 셋, 넷, 다섯, 여섯, 일곱, 여덟….”

　이그노리는 칠판에 적으면서 간신히 괴물 머리의 개수를 계산하느라고 땀을 삘삘 흘리고 있었다.

　"한 번 벼락이 칠 때 여러 개로 나누어질 수는 없는 것이오?”

　"예, 폐하. 고르곤의 머리는 반드시 두 개로만 나누어진다고 하옵니다.

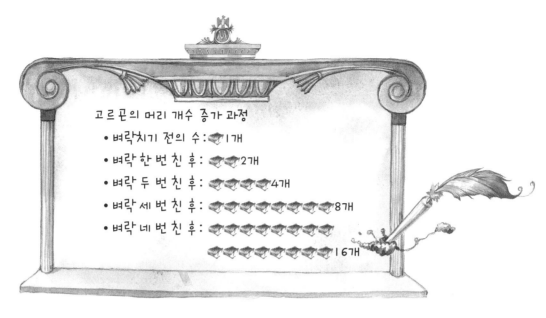

고르곤의 머리 개수 증가 과정
- 벼락치기 전의 수: 1개
- 벼락 한 번 친 후: 2개
- 벼락 두 번 친 후: 4개
- 벼락 세 번 친 후: 8개
- 벼락 네 번 친 후: 16개

자, 여기 보시옵소서."

이그노리는 칠판에 적고 있던 것을 왕에게 보여주었다.

"오호! 대단하오. 시종장. 이렇게 칠판에 적어놓으면서 살펴보니까 참 편리하구려."

왕이 감탄하면서 이그노리를 칭찬했다.

"예~ 폐하. 그러시죠? 그렇지만 하나도 빠짐없게 하기 위해서 이렇게 하나씩 그림까지 그려서 계산하려니 누구에게 맡길 수도 없는 어려운 일이옵니다. 헤헤헤!"

이그노리가 우쭐해서 한마디 했다.

"시종장님! 이건 우리가 전에 만들었던 배수를 이용해서 곱해보면 좀 더 쉽고 간단하게 계산할 수 있지 않을까요?"

"뭐라고! 쓸데없는 소리. 여기에 어떻게 배수를 이용한단 말이야. 자, 볼까? 처음에는 머리가 하나이고 벼락이 칠 때마다 두 개씩 증가하니까 1 곱하기 2 해서 2라고 해. 네가 그것을 보고 말하는 모양인데, 배수를 이용하려면 다시 또 벼락이 쳤을 때는 1에 3을 곱해서 3이 되어야 하지만 4가 되잖아! 그러니 어떻게 배수를 이용하자는 거지? 잘 모르면 닥치고 있으라고."

동수가 새로운 의견을 말하자 자존심이 상한 이그노리가 화를 내며 면박을 주었다.

"아, 1에 계속 자연수대로 배수를 높여서 계산하자는 것이 아니고요. 벼락 칠 때마다 머리가 두 개씩 많아진다고 했으니까 그때마다 2에 벼락 친 수만큼 2를 곱하자는 것이지요."

동수도 지지 않고 자신의 의견을 또박또박 말했다.

"2에 2를 곱하는 거니까 자기한테 자기를 곱하는 것이로구나."

왕이 빙긋이 웃으며 말했다.

"킥킥킥! 그럼 **제곱**이라고 하면 되겠네요. '제가 스스로 자기에게 곱한다'고 하는 뜻이 되니까요. 큭! 큭! 큭!"

까삐가 재미있다는 듯이 촐랑대며 웃었다.

"제곱? 그런 웃기는 이름을 또 우리 왕국 수학기호로 쓰자고? 그래, 좋아 그럼 그냥 제곱이란 말을 써주기로 하지. 그런데 네가 주장하는 방법을 쓴다고 해서 뭐가 더 간단해지지? 더구나 벼락이 세 번 쳤을 때나 네 번 쳤을 때는 그냥 제곱이 아니잖아. 같은 수를 거듭해서 계속 곱했는데, 그때에도 제곱이라고 부를 수 있을까?"

이그노리는 칠판에 괴물 그림 대신 다시 곱하기를 이용한 방법으로 고쳐서 적어놓고 동수에게 소리를 지르며 다그쳤다.

"아유! 융통성은 쥐꼬리만큼도 없어유~. 자기 말로 거듭해서 계속 같은 수를 곱했다며~? 그럼 **거듭제곱**이라고 하면 되지! 뭐

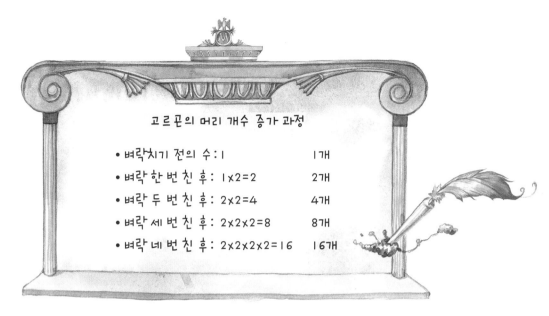

고르곤의 머리 개수 증가 과정

- 벼락치기 전의 수 : 1   1개
- 벼락 한 번 친 후 : $1 \times 2 = 2$ 2개
- 벼락 두 번 친 후 : $2 \times 2 = 4$ 4개
- 벼락 세 번 친 후 : $2 \times 2 \times 2 = 8$ 8개
- 벼락 네 번 친 후 : $2 \times 2 \times 2 \times 2 = 16$ 16개

가 걱정이람."

까삐가 이그노리 앞에서 머리를 까딱까딱하며 말했다.

"오호! 아주 쉽고도 분명한 이름이구나! 같은 수나 문자를 거듭해서 곱한 것을 거듭제곱이라고 한다는 거지?"

왕이 거듭제곱이라는 이름을 매우 좋아하자 이그노리도 이번에는 더 이상 투덜대지 않았다.

"자, 거듭제곱을 나타내는 새로운 방법을 만들어봤어요. 한번 보실래요?"

동수가 왕 앞으로 수첩을 내밀어 보였다.

$$2^{벼락 친 수} = 괴물 머리 수$$

"이건 또 무슨 낙서지? 신성한 수학을 연구할 때는 장난하지 말라고 했잖아!"

이그노리가 왕 옆에서 동수의 수첩을 곁눈으로 보면서 말했다.

"장난이 아니라고요!"

동수도 장난이라고 하는 말에 화가 나서 큰소리로 대꾸했다.

"흥! 그럼 그 이상한 낙서를 이해할 수 있게 설명해보라고!"

"그래요! 밑에 있는 수 2는 벼락이 칠 때마다 쪼개져서 만들어지는 머리 개수이고요. '벼락 친 수'는 말 그대로 벼락이 친 수를 가리키는 숫자를 말해요. 2를 벼락 친 수만큼 곱하면 괴물의 머리 수라는 뜻이죠. 만일 벼락이 1번 쳤다고 하면 2^1으로 나타내고 그냥 2라고 하면 돼요. 2가 하나라는 뜻이니까요. 그리고 2번 벼락이 쳤다면 2^2이 돼서 2×2이고, 3번 벼락이 쳤다면 2^3이 되고 $2 \times 2 \times 2$가 되는 거지요. 그리고 세제곱이라고 읽어요."

"흠, 그래 좋아! 그럼 벼락이 한 번도 치지 않았을 때는 어떻게 나타내지? 벼락 친 횟수가 0인데 말이야! 어서 말해보라고."

이그노리가 심술스런 표정을 지으며 말했다.

"시종장님 말씀대로 벼락이 한 번도 치지 않았을 때는 0이니까 2^0으로 나타내면 되지 않을까요? 그리고 계산 결과는 무조건 1로 하고요. 벼락이 치지 않아서 머리는 여전히 1개이니까요."

동수가 말을 마치고 칠판에 알기 쉽게 정리하기 시작했다.

"오호! 정말 알기 쉽게 잘 정리했구나. 특히 거듭제곱을 쉽게 나타낼 수 있는 기호를 만든 것은 아주 잘했다. 그럼 만일 괴물의 머리가 한 번 벼락이 칠 때마다 5개씩 만들어진다면, 처음에 벼락이 치지 않았을 때는 5^0으로 표시하면 되고, 한 번 벼락이 쳤다면 5^1으로 나타낼 것이며, 10번 벼락친 후라면 머리의 수는 5^{10}으로 나타내면 되는 거지? 5의 십제곱으로 읽고."

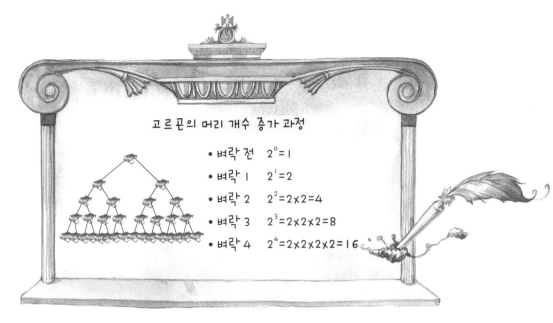

고르곤의 머리 개수 증가 과정

- 벼락 전 $2^0=1$
- 벼락 1 $2^1=2$
- 벼락 2 $2^2=2×2=4$
- 벼락 3 $2^3=2×2×2=8$
- 벼락 4 $2^4=2×2×2×2=16$

짝짝짝!

"정확하게 이해하셨습니다. 폐하!"

왕이 자신의 생각을 정확히 이해했다는 것을 알고 동수는 박수까지 치며 좋아했다.

"시종장! 이제 어서 고르곤을 무찔러 파워를 구하러 가야 되잖겠소?"

"폐하, 머리의 개수를 정확히 알아야 폭탄으로 괴물을 잡을 수 있습니다. 만일 머리 개수보다 적은 수의 폭탄을 사용했을 경우에 녀석은 오히려 폭탄에 적응되어서 도저히 무찌를 수 없습니다. 녀석이 양념폭탄을 먹고 기절했다가 죽는 것인데, 만일 폭탄을 먹지 않은 머리가 있다면 죽지 않을 것이고 다른 머리들이 나중에 깨어났을 때에 오히려 전보다 더 강해지거든요."

"음, 그러면 충분히 많은 폭탄을 사용하면 될 것이 아니요! 왜 폭탄이 부족해서 그러오?"

"아니옵니다. 폐하. 만일 고르곤의 머리 개수보다 하나라도 더 많은 폭탄을 사용했을 경우에는 괴물이 먹고 남은 폭탄의 냄새가 너무 지독해서 파워가 숨을 쉴 수 없게 되어 위험하게 될 수도 있기 때문이옵니다.”

“오호~ 그렇다면 정말 조심해서 폭탄을 사용해야 되겠구려. 아니? 그런데 고르곤의 머리는 16개라고 하지 않았소? 시종장이 계산했을 때에도 그랬고, 동수가 거듭제곱을 이용해서 계산했을 때에도 그랬고…. 그렇다면 16개의 폭탄이면 되지 않겠소?”

“고르곤의 수가 더 많아졌을 수도 있사옵니다. 폐하.”

“그건 또 무슨 말이오. 시종장.”

“지난번에 고르곤이 있는 웅덩이에 소나기가 2번이나 내렸기 때문이옵니다. 고르곤은 소나기를 한 번 맞을 때마다 한 마리가 세 마리가 된다고 합니다.”

“아니! 그럼 머리 개…수도?”

“예, 한 마리 전체가 가진 머리 개수의 3배가 되는 거지요.”

이그노리는 손가락 3개를 펴 보이며 말했다.

쏴아~ 쏴아~
“와아~ 큰일 났다!
웅덩이 위에 또 소나기 구름이 몰려온다!”

웅덩이 쪽을 걱정스럽게 쳐다보며 병사들이 소리쳤다.

“시종장! 안 되겠소. 이렇게 마냥 기다리기만 하다가는 괴물이 계속 늘어나게 되어 파워를 영원히 구조하지 못할 수도 있겠소. 소나기 구름이 웅덩이 위에 오기 전에 빨리 지금 괴물의 머리가 모두 몇 개인지 계산하시오. 당장 양념폭탄을 쏘아야겠소!”

“폐하! 계산이 너무 복잡해서 소나기 구름이 도착하기 전에는 도저히…."

"에이~ 쯧쯧! 그럼 동수! 혹시 그 이상한 거듭제곱 공식으로 괴물 머리의 개수를 빨리 계산해볼 수 있겠느냐?"

"한번 해보겠습니다. 폐하."

$$2^4 \times 3^2 = 2 \times 2 \times 2 \times 2 \times 3 \times 3 = 144$$

"아니? 이렇게 많다는 거야! 144개나?"

"예, 폐하. 고르곤 한 마리가 소나기를 한 번 맞으면 3마리가 되고, 또 한 번 맞으면 그 세 마리 각각이 다시 세 마리로 개수가 늘어나서 모두 9마리가 됩니다. 다시 말해 16개의 머리가 있는 괴물 한 마리가 3배가 되었고, 거기에 다시 3배가 되어서 9마리가 된 것이며, 머리 개수로는 144가 된 거지요."

"그래, 네가 칠판에 적어놓은 것을 보니 틀림없다고 생각된다. 시종장! 어서 고르곤에게 양념폭탄 144개를 가져다 쏘시오!"

"저…, 폐하. 그래도 혹시…."

"시종장은 무슨 말이 그렇게 많은 게요! 어서, 어서! 소나기 구름이 웅덩이 쪽으로 가고 있지 않소! 빨리 서두르란 말이오!"

왕은 발까지 동동 구르며 재촉했다. 이그노리는 계산이 정확할 지 걱정이 됐지만 하는 수 없이 병사들과 함께 양념폭탄 144개를 고르곤이 있는 웅덩이에 던져 넣었다.

크~흑! 컥! 끼아아아아아아아아아악!
와아! 고르곤을 모두 무찔렀다.

대왕폐하 만세! 만세!

"파워! 정말 고생이 많았다. 파워에게 특별 훈장을 내리겠다."

"황공하옵니다. 폐하!"

웅덩이에서 구조된 파워는 다시 경호대장으로 일하게 되었다.

"여기서 뭐하고 있는 거야?"

까삐가 나무 밑에서 웅크리고 앉아 있는 동수를 보고 말했다.

"응, 이거."

동수가 수첩을 내보였다.

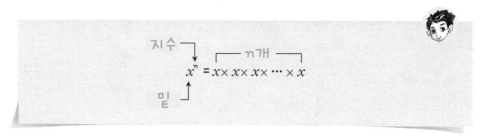

$$x^n = x \times x \times x \times x \times \cdots \times x$$

지수 $\rightarrow$ (위 첨자 n)

밑 $\rightarrow$ (x)

n개

"어, 이게 뭐야?"

"아까 만들었던 거듭제곱 기호를 언제나 사용할 수 있도록 이해하기 쉽게 정리해본 거야."

"밑은 아까 괴물의 머리가 둘로 쪼개진다고 할 때 2를 대신 넣을 수 있는 거를 말하는 거지? 그러니까 거듭제곱에서 거듭 곱한 수나 문자를 말이야. 그런데 밑에 두어서 밑이라고 했니?"

"그래, 맞아!"

"그런데 지수는 뭐지? 여자 친구 이름이니? 아까 네가 만들었을 때는 벼락 친 횟수를 말했던 것 같은데…."

"그래, 그래! 손가락 지(指)를 써서 손가락으로 가리킨다는 뜻으로 만든 표시야. 그러니까 거듭제곱에서 거듭하여 곱할 때 모두 곱할 개수를 가리키는 수라는 거지. 그래서 지수라고…."

"어~쭈! 한문을 제법 쫌 아는데? 나한테 물어보지도 않고."

"히히히! 내가 한문 좀 알긴 하지. 아직 너만큼은 모르지만."

"어이! 수학고문. 아까 2^0=1이라 하고 2^1=2라고 했지?"

"네, 시종장님!"

"그러면 자네가 수첩에 적은 대로 모든 수에서, 가령 x일 때도 x^0=1이고 x^1=x라고 할 텐가?"

"그렇게 약속해야 한다고 생각해요."

"그럼 x가 0이면 어쩔 텐가?"

이그노리가 동수를 골탕 먹일 양으로 빙긋이 웃으며 물었다.

"음…, 저…, $x \neq 0$일 때만 x^0=1이고 x^1=x라고 해야겠네요."

"그렇지? 그럴 거야. 너무 잘난 체하지 말라고! 그리고 어서

$x^0=1$ $x^1=x$
이때 $x \neq 0$이다.

공주님을 구하러 가야지, 이렇게 한가하게 놀고 있으면 어떻게 하자는 거지!"

이그노리가 병사들이 모여 있는 궁궐 마당으로 총총걸음으로 뛰어가며 말했다.

"맞다! 어서 공주님을 구하러 가야지."

동수도 뒤따라 뛰었다.

"자! 공주를 구하는 일도 중요하지만 우리 병사들이 다치지 않게 조심해야 한다. 꼭 명심하도록 하라!"

예! 폐하!

궁궐 마당에서는 공주를 구하기 위해서 다시 아리쓰매릭 왕국으로 떠나기 전에 왕이 병사들에게 당부를 하고 있었다.

자! 떠나자!

왕과 병사들은 아리쓰매릭 왕국을 향해서 열심히 달렸다.

폐하! 큰일 났사옵니다.

바로 그때 척후병으로 먼저 떠났던 병사 중 한 명이 되돌아오면서 큰소리로 말했다.

거듭제곱

말 그대로야! 자기를 곱하는 거지. 그래서 제곱이야.

어떻게? 거듭 반복해서 곱하는 거지.

즉 거듭 반복해서 자기를 곱한다!

거듭제곱!

같은 수나 같은 문자를 반복해서 여러 번 곱하는 거야.

$2 \times 2 \times 2 \times 2 \times 2 \cdots$

$3 \times 3 \times 3 \times 3 \times 3 \cdots$

$2 \times 2 \times 2 \times 3 \times 3 \cdots$

근데 이런 거듭제곱을 아주 간단히 나타내는 방법이 있어.

2를 거듭해서 5번 $2 \times 2 \times 2 \times 2 \times 2$ 하고 곱했다면

2^5으로 나타내는 거지.

이때 밑에 있는 2를 '밑'이라 부르고 위에 붙어 있는 5를 '지수'라고 해.

그러니까 일반적으로 x^n이라고 되어 있다면

밑인 x를 지수로 n번 반복해서 곱하고 있다는 거지.

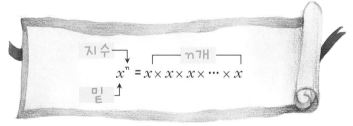

$$\text{지수} \searrow \quad \overbrace{\quad\quad}^{n개} \\ x^n = x \times x \times x \times x \times \cdots \times x \\ \text{밑} \nearrow$$

이때 x^2이라면 x의 제곱, x^3이라면 x의 세제곱 등으로 말하면 돼.

근데 x^0은 뭐지? 이땐 그냥 1이야.

밑을 한 번도 곱하지 않은 처음이니 자연수의 시작이란 뜻이지.

x^1은? 이건 x를 딱 한 번 곱한다는 거니까 그냥 x라고 하면 된단다.

동수네반 쪽지 시험

거듭제곱

1 다음 중 <u>틀린</u> 것을 모두 고르면?

① $2^3=2\times2\times2$　　　　② $7^3=343$　　　　③ $10^1=1$

④ $2\times2\times2\times3\times3\times5\times5=2^3+3^2+5^2$　　　⑤ $3\times10^8=3억$

> **정답** ③ ④
> ① a^n은 a를 n만큼 곱한 것이다.
> ② $7^3=7\times7\times7=343$
> ③ 10^1은 10 (10을 한 번 곱한 것)
> ④ $2^3\times3^2\times5^2$ ※곱셈으로 연결되었음에 주의
> ⑤ $10^8=$일억 (10을 8번 곱한 것), $3\times$일억$=3억$

거듭제곱

2 다음 중 <u>옳은</u> 것을 모두 고르면?

① $5^0=5$　　　　② $7^0=0$　　　　③ $13^0=1$

④ $a\times a\times a\times a\times a=5\times a$

⑤ 밑이 5이고 지수가 3인 거듭제곱은 5^3

> **정답** ③ ⑤
> ① $5^0=1$
> ② $7^0=1$
> ③ 맞다
> ④ $a\times a\times a\times a\times a=a^5$
> ⑤ 맞다

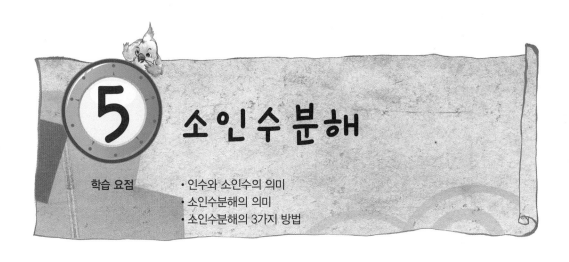

5 소인수분해

학습 요점
- 인수와 소인수의 의미
- 소인수분해의 의미
- 소인수분해의 3가지 방법

괴물 상어 샤코를 잡아라!

"무슨 일이냐!"

왕이 놀라서 말 위에 앉은 채로 물었다.

"저, 저 앞에 바다처럼 넓은 큰 강이 가로막고 있사옵니다. 그래서 우리 병사들이 더 이상 앞으로 나아갈 수가 없사옵니다."

병사가 숨을 헐떡이며 말했다.

"뭐라고! 언제 그런 강이 생겼단 말이냐? 아리쓰매릭 왕국으로 가는 데 는 전혀 바다나 강은 없었는데? 어서 가보자!"

왕은 서둘러 강가에 도착했다.

"와! 정말 대단하옵니다. 언제 이런 강이 생겼지?"

이그노리가 놀란 입을 다물지 못했다.

"폐하! 강이 바다처럼 넓기는 하지만 뭐 걱정할 거 있나요? 배를 만들어 서 건너면 될 텐데요."

동수는 별로 걱정할 것이 아니라는 듯이 말했다.

"배라고? 우리보고 배를 만들라고? 누가?"

이그노리가 동수를 돌아보며 퉁명스럽게 말했다.

"이 나라에는 배를 만드는 기술자도 없나요?"

"그래, 우리 왕국에는 지금까지 바다나 큰 강이 없었기 때문에 배가 필요 없었단다."

왕이 대답했다.

"그리고 병사들도 배를 탈 수가 없단 말이야!"

이그노리가 쏘아붙이듯 한마디 더 덧붙여 말했다.

"왜죠? 배를 못 타는 사람도 있나요? 배는 그냥 가만히 타고 있기만 하면 되는데요."

동수가 이해할 수 없다는 듯이 말했다.

"우리 병사들은 배를 한 번도 타본 적이 없기 때문이야. 그래서 모두 흔들리는 배에서 균형을 잡지 못해서 멀미를 할 거야. 그러면 저 강을 건넌다고 해도 강 건너에서 기다리고 있을 아리쓰매릭 병사들과 제대로 싸워보지도 못하고 패할 것이고…."

왕이 낙담한 표정이 되어 동수에게 말해주었다.

"아~ 정말 그렇겠군요."

동수도 그제야 이해가 되어 큰일이라는 생각에 고개를 천천히 끄덕이며 생각에 잠겼다.

"강을 거슬러 올라가보면 어떨까요?"

"그건 또 무슨 뚱딴지같은 소리람?"

동수가 불현듯 생각나서 말하자 이그노리가 쏘아붙였다.

"강물이 시작되는 곳은 강폭이 좁을 거라구요. 사다리꼴처럼. 아니면 물

이 얕을 수도 있고요. 그러면 우리 병사들이 걸어서 건널 수 있을지도 모르잖아요?"

동수도 지지 않고 이그노리를 똑바로 쳐다보며 말했다.

"그래, 그래! 그럴 수도 있겠어. 수학고문인 우리 동수의 말대로 강을 거슬러 따라 올라가보자."

왕이 큰소리로 말했다. 일행은 우거진 숲길을 헤치며 강기슭을 거슬러 올라가고 있었다.

"앗! 저 앞에 사람이….."

이그노리가 앞서가던 병사의 외치는 소리를 듣고 재빨리 달려가 보았다. 그곳엔 한 노인이 삿갓을 쓰고 낚시를 하고 있었다.

"여기서 지금 뭐하는 거요?"

"……"

이그노리가 가까이 다가가 위엄 있는 큰소리로 물었지만 노인은 고개도 돌리지 않고 묵묵히 낚시만 하고 있었다.

"노인장! 잠시 길을 물어도 되겠소?"

뒤따라오던 왕이 가까이 다가와 말에서 내려 정중히 물었다.

"예, 말씀하십시오."

노인이 비로소 자리에서 일어나 왕을 돌아보며 친절히 말했다.

"강 위쪽으로 가면 쉽게 건널 만한 곳이 혹시 있는지요?"

"허허허! 이 강에서 쉽게 건널 수 있는 곳은 전혀 없습니다. 평행선이 영원히 만나지 않듯이 이 강의 양쪽도 전혀 좁혀지지 않는 특별한 강입니다."

"오호! 정말 이상한 강이구려. 그럼 이 강을 건널 방법이 전혀 없단 말이오?"

왕이 실망스런 표정으로 되물었다.

"한 가지 방법이 있습니다."

"뭣이오! 제발 어서 말해주시오. 부탁이오!"

"강의 물을 갈라서 길을 만드는 것입니다."

"뭣이라고? 지금 우리를 놀리는 거야!"

곁에 있던 이그노리가 소리치며 끼어들었다.

"시종장! 좀 비켜 있으시오."

"아! 후~"

왕의 명령에 이그노리가 가슴을 치며 옆으로 물러섰다.

"노인장 어떻게 강물을 가른단 말이요. 우리는 도저히 이해가 가지 않는구려."

"허허허! 그러시겠지요. 그러나 이 강물은 그럴 수 있는 방법이 있습니다. 딱 두 가지 방법이지요."

"딱 두 가지 방법이라고요?"

동수가 신기하다는 표정으로 물었다.

"그래, 딱 두 가지 방법…."

노인이 동수를 인자한 눈빛으로 쳐다보며 대답해주고는 다시 왕에게 고개를 돌려 이야기를 계속했다.

"동해의 바다 밑은 용왕이 다스리고 있습니다. 그런데 용왕의 신하 중에 샤코라는 신하가 용왕을 배신하고 반란을 일으키려 했답니다. 그런데 샤코의 꼬임에 빠져 함께 반란을 일으키려던 늙은 문어 옥타퍼스가 용왕에게 밀고해서 들통이 났지요."

"저런, 저 나쁜 녀석! 그래서 그 용왕이 어찌했소?"

왕은 자신의 일인 양 화가 나서 물었다.

"화가 난 용왕은 샤코에 마법을 걸어 상어로 만들어버렸지요. 그런데 교활한 샤코는 자신의 음모가 드러날 것에 대비해서 이미 계획해놓은 것이 있었습니다."

"그게 무엇이었소?"

왕이 좀 더 노인에게 다가서며 물었다.

"용왕의 하나밖에 없는 왕자를 꼬여내어 마법을 걸었지요. 그래서 금 잉어로 만들어 자기만 아는 곳에 몰래 가두어놓았었습니다. 그리고 용왕에게 협박했지요. 마법을 풀어주면 왕자를 돌려주겠다고요. 용왕은 더욱 화가 나서 샤코를 죽여 버리려 했지요. 그러자 샤코가 금 잉어가 된 왕자를 삼켜버렸어요. 이제 샤코를 죽이면 왕자도 같이 죽을 수도 있게 된 것이지요. 용왕은 너무 화가 났습니다. 그래서 지진을 일으키고 땅을 갈라 여기에 강을 만들어서 샤코를 가두어버렸습니다."

"오호! 그래서 여기에 갑자기 강이 생긴 거구려. 그럼 어찌해야 노인장의 말대로 강물이 열린단 말이요?"

"한 가지 방법은 상어가 된 샤코를 잡아서 배를 가르고 금 잉어를 구해 용왕에게 돌려주면 용왕이 강물을 열어줄 수도 있습니다. 그러나 상어가 죽으면 상어 속에 있는 금 잉어도 같이 숨을 못 쉬게 되어서 잉어 또한 죽을 수 있습니다. 그러면 용왕이 더 화가 나서 더 큰 재앙을 내릴 수도 있어 조심해야 합니다."

"그럼 그 방법은 안 되겠구려. 또 다른 방법은 무엇이오?"

"먼저 금 잉어의 크기를 정확히 알아내야 하지요. 그런 후 세상에서 가장 순수한 수만으로 되도록 간단하게 그 크기를 나타낼 수 있는 방법을 찾아내서 주문을 만들어야 합니다. 그리고 그 주문을 아주 깨끗한 종이에 적은 후 태워 그 재를 금 잉어의 몸에 발라주면 마법이 풀려 다시 왕자로 돌아올 겁니다. 그러면 강물이 반으로 갈라지면서 길이 열릴 것입니다."

"후~ 차라리 상어를 잡아 배를 가르는 것이 낫겠구려. 어떻게 상어를 죽이지 않고 상어 배 속에 있는 금 잉어의 크기를 알아낼 수 있으며 그 몸에 재까지 발라준단 말이오."

왕이 한숨을 쉬며 낙담하는 표정을 지었다.

"제게 좋은 생각이 있습니다. 한 팔쯤 되는 단단한 몽둥이, 튼튼한 동아줄, 그리고 피가 흐르는 금방 잡은 돼지고기 한 덩이와 긴 칡넝쿨만 준비해주시면 제가 상어의 배 속에 있는 금 잉어의 크기를 알아낼 수 있습니다. 아, 그리고 손아귀에 쥘 수 있는 작은 줄자도 필요하겠네요."

잠시 생각하던 동수가 환하게 웃으며 자신 있게 말했다.

"오~ 그래. 시종장! 동수에게 이 모든 것들을 빨리 준비해주도록 하시오."

왕이 이그노리를 돌아보며 말했다.

"와아! 저기 봐! 강물이 크게 출렁이기 시작했어!"

잔잔한 강물을 조용히 지켜보던 병사들 중 하나가 말했다.

　　강가에서 동수가 칡넝쿨에
돼지고기를 매달아 강물에 던져 넣
은 후 오래지 않은 시간이었다.

　　"강물 속에서 상어가 돼지고기 냄새를 맡고 다가오고
있어요! 동아줄은 큰 소나무에 단단히 묶어놓았겠지요?"

　　동수가 동아줄 한 끝에는 몽둥이를 매달아서 자신이 단단히 쥐고 있고,
다른 한 끝은 소나무에 매어두라고 한 병사에게 부탁해두었던 것이다.

　ㅋㅎㅎㅎㅎㅎㅎㅎ 헉!

　으으아아아아아앗!

　상어다!

　　"어서 칡넝쿨을 가까이 당겨요! 상어가 강가로 좀 더 가까이 오게요!"

동수가 병사들에게 소리쳤다.

에잇! 야~아앗!

컥!

강가에 서 있던 동수가 몽둥이를 쥐고 입을 쫙 벌린 상어의 입속으로 재빨리 뛰어들었다.

그리고는 상어의 입에 몽둥이를 세로로 걸쳐놓은 후 순식간에 상어의 목구멍 속으로 미끄러져 들어갔다. 상어는 다시 물속으로 들어가려고 했지만 연결된 동아줄이 큰 소나무에 단단히 매여 있었기 때문에 버둥거리기만 할 뿐 소용이 없었다.

"폐하! 금 잉어는 정확히 90cm 길이였어요."

"오오! 우리 수학고문 동수가 정말 장하고 고맙구나!"

"정말 잘했어! 이제 가장 순수한 수로 주문을 만들 방법만 찾으면 되겠구나."

이그노리까지도 동수를 칭찬해주었다.

"가장 순수한 수는 소수를 말하는 걸 거야!"

까삐가 소나무 위에서 날아 내려오면서 말했다.

"오~ 그래, 그러니까 소수만을 이용해서 자연수인 90을 나타내는 방법을 찾으면 되겠구나."

왕이 활짝 웃으며 말했다.

"그럼 먼저 90을 묶고 있는 약수들을 풀어야 되지 않을까요? 가령 90=10×9로, 90이 자연수 9와 자연수 10의 곱으로 되어 있는 것을 확인해서 9, 10 등 약수를 찾아내야 될 것이옵니다."

이그노리가 말했다.

"그래요. 저도 시종장님 말씀에 찬성해요. 약수는 사실 어떤 수의 근본이 되는 **인수**와 같은 뜻이니까 90을 자연수 9와 자연수10의 곱으로 나타낼 때 인수로 분해한다는 뜻도 되지요. 그렇다면 9, 10 등이 인수이기도 한 것이겠네요."

동수가 이그노리를 보며 밝게 웃어보였다.

"오호! 그럼 90의 약수, 아! 인수라고 해도 된다고 했지? 그 인수들을 더 분해해서 소수만으로 된 인수로 분해하자는 것이군. 안 그런가?"

왕이 이그노리와 동수 그리고 까삐를 번갈아보며 말했다.

"아! **소-인-수-분-해**, 어때? 이렇게 하면 길게 말하지 않아도 되겠어요."

"무슨 뚱딴지같은 소리야! 소인수분해?"

이그노리가 까삐를 돌아보며 말했다.

"멍청하기는⋯. 인수들을 더 분해해서 완전히 소수인 인수, 그러니까 **소인수**들만으로 어떤 수를 나타낸다는 말이야!"

"그래, 까삐 말대로 어떤 자연수든지 소수만의 곱으로 나타내자는 뜻으로 소인수분해란 말은 아주 적절한 이름이구나."

왕도 까삐의 생각에 찬성해주었다.

"그럼 90을 소인수로 나누어서 적어보도록 하죠."

"그래, 처음에 나눌 때는 되도록 가장 작은 소인수로 나누는 것이 좋을 것 같군."

이그노리가 동수의 제안에 순순히 말했다.

"그래요. 90을 만드는 가장 작은 소인수는 2가 있으므로 2 곱하기 45,

그러니까 90=2×45로 나타낼 수 있네요."

"소인수만의 곱으로 나타내려면 45를 그대로 두면 안 되는데?"

이그노리가 급히 외쳤다.

"왜 안 된다는 거요? 시종장."

왕이 깜짝 놀라서 이그노리에게 다가가며 물었다.

"45는 소수가 아니기 때문이옵니다. 3개 이상의 약수를 가지고 있는 합성수이옵니다."

"맞아요! 더구나 45는 틀림없이 3의 배수여요."

"어? 3의 배수라는 것을 어떻게 자신 있게 말할 수 있지?"

이그노리가 놀라서 물었다.

"지난번에 에라토스테네스 마술사께 들은 말인데요. 각 자리의 수의 합이 3의 배수이면 그 수는 3의 배수래요. 그리고 각 자리의 수의 합이 9의 배수이면 9의 배수이고요. 45는 일의 자리가 5이고 십의 자리가 4이어서 합하면 9이니까 3의 배수도 되고 9의 배수도 되는 거지요. 우리 한번 45를 3으로 나누어봐요. 나누어떨어지면 틀림없이 3의 배수일 테니까요."

"맞아! 3 곱하기 15, 그러니까 45=3×15로 나타낼 수 있어. 그러므로 90을 90=2×3×15로 적어놓으면 좀 더 많은 소수를 사용하여 나타낼 수 있겠군."

이그노리가 신기한 듯 말했다.

"그럼 저 15도 또 3의 배수라는 것이 아니냐? 일의 자리와 십의 자리를 더하면 6이니 그것도 3의 배수가 되니까 말이야."

왕이 약간 흥분된 목소리로 말했다.

"그래요, 폐하. 15는 3 곱하기 5, 그러니까 15=3×5로 더 나눌 수 있어

요. 어? 이제 두 인수 모두 소수밖에 없어요. 3도 소수고 5도 소수이니까
요. 이제 정말 깨끗하고 순수한 소수들로만 90을 나타낼 수 있게 되었어
요!"

동수도 너무 기뻐서 크게 소리쳤다.

"음, 90=2×3×3×5. 오, 틀림없어!
바로 이거야!"

이그노리가 칠판에 혼자 적으며 정리해
보다가 소리치며 즐거워했다.

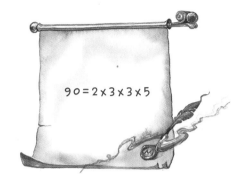

$$90=2 \times 3 \times 3 \times 5$$

"그런데 되도록 간단하게 주문을 만들어
야 된다고 했는데, 어딘지 좀…."

왕이 이그노리가 써놓은 칠판을 보며 뭔가 찜찜한 듯 고개를 갸웃거리
며 말했다.

"거듭제곱이요! 3이 두 개 거듭해서 곱해지고 있으니 거듭제곱으로 나
타내면 더 간단해질 수 있어요."

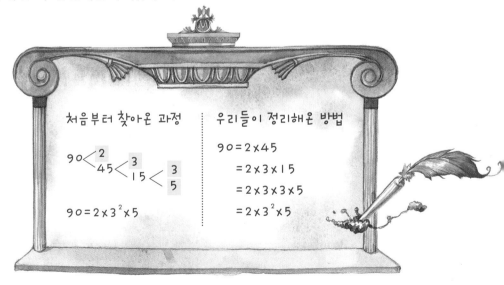

처음부터 찾아온 과정

$$90 < {2 \atop 45} < {3 \atop 15} < {3 \atop 5}$$

$$90 = 2 \times 3^2 \times 5$$

우리들이 정리해온 방법

$$90 = 2 \times 45$$
$$= 2 \times 3 \times 15$$
$$= 2 \times 3 \times 3 \times 5$$
$$= 2 \times 3^2 \times 5$$

동수가 한달음에 칠판으로 달려가서 지금까지의 과정을 정리해 보여주었다.

"저, '처음부터 찾아온 과정'이나 '우리들이 정리해온 방법'이나 모두 90을 소인수로 나누어온 거잖아요?"

병사들 속에 서서 동수가 칠판에 적어놓은 것을 보던 디바이저가 불쑥 앞으로 나오며 말했다.

"그랬지! 뭐, 잘못된 것이라도 있냐?"

이그노리가 디바이저를 돌아보며 물었다.

"잘못된 것은 없어요. 그러나 어차피 단계마다 소인수로 나누어야 소인수분해가 될 텐데, 차라리 처음부터 나눗셈 방법으로 나타내면 편리할 것 같아서요."

"그런데 그렇게 하려면 너무 복잡하지 않을까요? 나눗셈하는 모양을 여러 개 만들어야 하니까요."

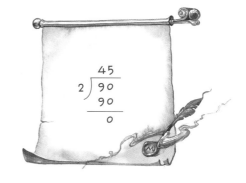

동수가 칠판에 나눗셈 모양을 하나(⌐) 그려 보이며 말했다.

"아! 잠깐만요. 어차피 나머지가 0이 되도록 모두 나누어떨어지는 몫만을 사용해야 하니까 나머지도 없는 0을 꼭 적어둘 필요는 없다고 생각해요. 그렇다면 나눗셈기호를 거꾸로 놓고 몫이 소수가 될 때까지 계속 나눗셈을 해보면 어떨까요?"

"우와! 그것 참 좋은 생각이네요. 이리 와서 칠판에 그 방법으로 어서 직접 적어보세요."

동수가 디바이저의 의견에 적극 찬성했다.

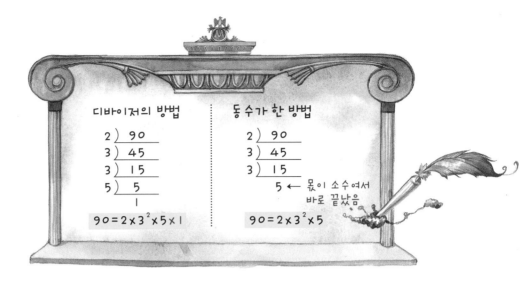

"아저씨! 1은 소수에 넣지 않기로 했잖아요? 그러니까 소인수로 어떤 수를 분해하는 소인수분해를 할 때에는 몫이 소수로 끝날 때 바로 더 이상 나누지 말고 끝내는 게 좋겠어요."

동수가 디바이저가 적어놓은 소인수분해를 한 방법 옆에 조금 고쳐서 새로 적어놓으며 말했다.

"그래, 그건 동수 말이 맞아! 1은 절대 소인수분해를 할 때 사용하면 안 된다고!"

"그건 그렇지만 나눗셈기호를 거꾸로 해서 소인수분해를 하는 방법은 지금까지 해온 방법 중 가장 좋아 보이는구나."

왕이 엄지손가락을 들어 보이며 말했다.

"폐하! 그렇다면 우리 왕국에서 소인수분해를 할 때에는 되도록 나눗셈기호를 거꾸로 하는 방법을 사용하도록 백성들에게 말해두겠사옵니다. 그런데 더불어 오해가 없도록 몇 가지 원칙을 정해놓아야 할 것 같사옵니다."

시종장이 머리를 조아리며 말했다.

"그렇게 하도록 하오. 그런데 무슨 원칙을 말하는 것이오?"

왕이 말했다.

"그럼 게시판에 적어놓도록 하겠사옵니다."

이그노리가 게시판 앞으로 다가가며 말했다.

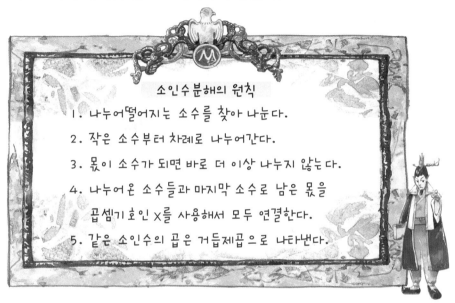

소인수분해의 원칙

1. 나누어떨어지는 소수를 찾아 나눈다.

2. 작은 소수부터 차례로 나누어간다.

3. 몫이 소수가 되면 바로 더 이상 나누지 않는다.

4. 나누어온 소수들과 마지막 소수로 남은 몫을
   곱셈기호인 ×를 사용해서 모두 연결한다.

5. 같은 소인수의 곱은 거듭제곱으로 나타낸다.

"아니, 지금 뭣들 하고 있는 거야! 어서 주문을 만들어서 강물을 건너야 할 거 아냐? 어서 공주님을 구하러 가야지!"

까삐가 답답하다는 듯이 여기저기 날아다니며 외쳤다.

"오호! 그래, 어서 소인수분해 한 것을 주문으로 써서 재로 만들어 금 잉어에게 발라줘야지!"

왕이 동수를 돌아보며 말했다.

"예, 폐하!"

동수는 90을 소인수분해 한 것을 종이에 정성껏 적었다. 그리고 종이를 불에 태운 후 재로 만들어 곱게 빻았다. 그리고

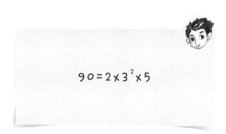

$$90 = 2 \times 3^2 \times 5$$

그 재를 주머니에 담아 상어가 된 샤코의 입속으로 재빨리 들어갔다.

"왕자님! 조금만 기다리세요."

동수는 혼잣말을 하며 금 잉어의 몸에 재를 바르기 시작했다.

펑!

"앗! 왕자님."

"고마워요!"

놀란 동수 앞에 상어는 온데간데 없고 금빛 머리의 왕자만이 서 있었다.

와아! 강에 길이 열렸다.

어서 서둘러라! 공주님을 구하러 아리쓰매릭으로 가자!

앗! 숲에서 길이 없어졌다.

힘차게 달려가던 병사들이 갑자기 더 이상 앞으로 나아가지 못하고 우왕좌왕하면서 서 있었다.

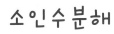

소인수분해

수들을 묶어 자연수를 만들 때 그 원인이 되는 수를 인수라고 했었어.

만일 자연수 8이 태어나기 위해서는 어떤 인수가 있지?

1, 2, 4, 8이 될 거야.

근데 잘 봐! 이들 중에 다른 성질을 갖고 있는 인수가 있어. 뭐지?

2야! 2는 소수거든.

이렇게 소수인 인수를 **소인수**라고 해!

어떤 자연수를 분해해서 이런 소인수만의 곱으로 나타낼 때

소인수분해라고 한단다.

위 자연수 8을 소인수분해로 나타내볼까?

8=2×2×2가 되겠지.

근데 잘 봐. 같은 수 2를 거듭하여 곱하고 있잖아.

이건 **거듭제곱**으로 나타낼 수 있다는 거지.

$$8=2 \times 2 \times 2 = 2^3$$

자연수를 소인수분해 하는 방법으로는 3가지가 있어.

그 중에 가장 많이 쓰는 나눗셈법을 소개할게. 잘 봐!

$$
\begin{array}{r}
2\,\overline{)\,90} \\
3\,\overline{)\,45} \\
3\,\overline{)\,15} \\
5
\end{array}
$$

$$90 = 2 \times 3^2 \times 5$$

소인수분해의 원칙

1. 나누어떨어지는 소수를 찾아 나눈다.

2. 작은 소수부터 차례로 나누어간다.

3. 몫이 소수가 되면 바로 더 이상 나누지 않는다.

4. 나누어온 소수들과 마지막 소수로 남은 몫을 곱셈기호인 ×를 사용해서 모두 연결한다.

5. 같은 소인수의 곱은 거듭제곱으로 나타낸다.

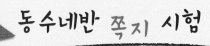

동수네반 쪽지 시험

소인수분해

1 360을 소인수분해 하면?

풀이
$$2 \,)\,360$$
$$2 \,)\,180$$
$$2 \,)\,\,\,\,90 \qquad 360 = 2^3 \times 3^2 \times 5$$
$$3 \,)\,\,\,\,45$$
$$3 \,)\,\,\,\,15$$
$$\qquad\quad 5$$

소인수

2 다음 수들 중 392의 소인수가 <u>아닌</u> 것이 있으면 모두 골라라.

① 1   ② 2   ③ 2^3

④ 7   ⑤ $2^3 \times 7^2$

정답 ① ③ ⑤   ※392 = $2^3 \times 7^2$, 이 중 소수인 인수: 2, 7
① 392의 인수이지만 소수는 아니다.
② 맞다.
③ 인수이지만 소수는 아니다.
④ 맞다.
⑤ 인수이지만 소수는 아니다.

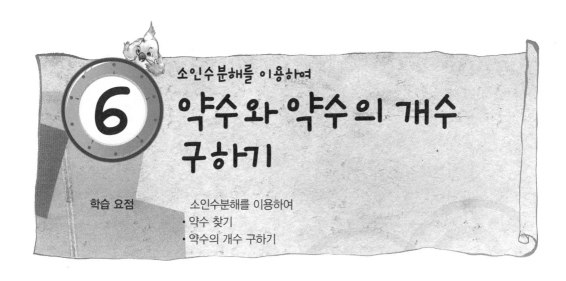

소인수분해를 이용하여
약수와 약수의 개수 구하기

학습 요점

소인수분해를 이용하여
• 약수 찾기
• 약수의 개수 구하기

도깨비 또치와의 퀴즈 대결

"시종장님! 여기에서 갑자기 길이 끊겼는데요?"

앞서가던 병사들이 뒤따라온 이그노리에게 말했다.

"이 근처 숲을 샅샅이 뒤져보자. 틀림없이 아리쓰매릭으로 통하는 길을 다시 찾을 수 있을 거야!"

이그노리가 병사들을 재촉했다.

"쳇! 길을 다시 찾겠다고? 쉽지 않을걸!"

"뭐야? 누구야! 지금 누가 말했어. 앞으로 썩 나와!"

병사들을 하나하나 돌아보며 이그노리가 화가 나서 말했다.

"………"

병사들이 서로 얼굴을 마주볼 뿐 선뜻 나서는 사람은 없었다.

"감히 내 명령에 반항한 녀석이 누구냐 말이야?"

이그노리가 더욱 화가 나서 소리쳤다.

"아, 아무도… 말, 말한 사람이 없는데요?"

한 병사가 말을 더듬으며 말했다.

"좀 전에 누군가 내 말에 비웃었잖아!"

이그노리가 더욱 크게 소리쳤다.

"헤이! 여기, 여기 보라고! 히히히!"

"엥? 저기 토끼가….."

숲 한구석에 말하는 토끼 한 마리가 서 있었다. 그것을 본 한 병사가 놀라서 소리쳤다.

"저, 저 이상한 토끼 녀석을 잡아라!"

이그노리가 소리쳤다.

"옛! 시종장님."

병사들이 말하는 토끼를 쫓아서 우르르 달려갔다.

말하는 토끼는 재빨리 숲속으로 달아났다.

"놓치지 마라! 빨리 쫓아!"

이그노리도 큰소리로 재촉하며 병사들의 뒤를 따랐다.

아리쓰매릭으로 가는 길을 찾던 병사들이 이젠 토끼를 찾아 숲속을 이리저리 뛰어다니게 된 것이다.

"어디에 숨어 있는지 발자국조차도 없어요!"

"잘, 찾아봐! 절대 놓치면 안 돼!"

이그노리는 고래고래 소리
지르며 말했다. 이그노리는
사람도 아닌 토끼에게까지 놀림
을 당한 것이 너무 분했다.

"아! 저기… 길이다! 어?
토끼 녀석도 저기 있네!"

병사들이 소리쳤다.

"어서 쫓아! 놓치지 말라!"

이그노리가 앞장서 뛰어가며 소리쳤다.
토끼는 한 번 힐끔 보더니 굽은 길 뒤로 재
빨리 뛰어 사라졌다.

"낄낄낄! 어디를 그렇게 급히 가시는가?"

"너는 또 누구냐?"

달려가던 이그노리가 주춤하고 뒤로 물러섰다. 두 갈래길
가운데에 꼬마 하나가 떡 버티고 서 있었다. 눈이 초롱초롱한 꼬마의 머리
위에는 긴 뿔이 하나 있었고, 귀는 당나귀 귀처럼 컸으며, 입은 귀까지 쭉

찢어져 있었다.

"낄낄낄! 나 또치야!"

"그래, 건방진 토끼 한 마리, 방금 이곳으로 지나갔지?"

"아, 래비토비? 그래, 지나갔어! 왜?"

"그 녀석이 어느 쪽으로 갔는지 알려줘! 그리고 아리쓰매릭으로 가는 길도…."

"싫어!"

"뭐야? 이 건방진 도깨비 녀석이!"

이그노리가 당장에라도 내려칠 듯이 주먹을 움켜쥐었다.

"부탁해 또치야! 우린 지금 공주님을 구하러 가는 길이거든."

이그노리가 흘끔 뒤를 보았다. 동수가 부드럽게 웃으며 말하고 있었다. 어느새 동수도 왕 일행과 함께 뒤따라와 있었던 것이다.

"그렇다면 알려주지! 둘 다 아리쓰매릭으로 가는 길이야. 그리고 아리쓰매릭으로 가면 래비토비도 찾을 수 있을 거고."

"그럼 두 길 중 어느 쪽 길로 가도 똑같다는 거냐? 내 말뜻은 더 빨리 도달할 수 있는 지름길은 없느냔 거야!"

이그노리가 눈을 크게 부릅뜨고 여전히 분이 풀리지 않은 목소리로 말했다.

"있지! 그런데 그쪽 길은 험한 얼음산을 넘어야 되는 힘든 길이야. 그러나 그 길로 가면 아리쓰매릭 병사들도 없고 이틀이면 왕국이 한눈에 보이는 뒷산에 도달할 수 있어."

"그러면 다른 쪽 길은?"

동수가 또치에게 좀 더 다가서며 조용히 물었다.

"다른 쪽 길은 아주 평탄한 쉬운 길이지. 대신에 그 길로 아리쓰매릭 왕국까지 가려면 적어도 두 달은 걸릴걸. 길도 더 멀지만 아리쓰매릭 병사들이 곳곳에 지키고 있기 때문에 계속 전투를 하면서 가야 될 거거든."

"그렇다면 얼음산이 있는 쪽 길로 가자!"

왕이 말 위에서 크게 소리쳤다.

"어느 쪽이 얼음산이 있는 길이지? 냉큼 말하지 못할까!"

이그노리가 눈을 부릅뜨고 말했다.

"그럼 나와 겨뤄서 이기면 알려주지!"

"겨루기? 그래 어서 덤벼봐!"

이그노리가 두 팔을 걷어붙이고 앞으로 다가섰다.

"그런 무식한 겨루기 말고. 약수의 개수를 구하기 말이야!"

"약수의 개수…?"

이그노리가 걷었던 팔을 다시 내리며 멋쩍게 말했다.

"그래, 24의 약수 개수를 누가 빨리 구하는지 시합하자고!"

"알았어! 네가 지게 되면 딴소리하지 말고 냉큼 말해줘야 해!"

이그노리는 말을 마치자마자 가지고 있던 종이에 뭔가 열심히 적으며 약수의 개수를 찾기 시작했다.

24의 약수 개수 구하기

● 먼저 24의 약수 알아보기

24=2×12 ······ 일 때 ············· 약수 : 2, 12
24=3×8 ······ 일 때 ············· 약수 : 3, 8
24=4×6 ······ 일 때 ············· 약수 : 4, 6

※ 24의 전체 약수는 2, 3, 4, 6, 8, 12
※ 24의 약수 개수는 6개

"자, 내가 이겼지! 여기 적어놓은 것을 보고 좀 배우라고."

표까지 그리며 여전히 약수의 개수를 구하고 있는 또치를 보며 이그노리가 의기양양하게 외쳤다.

"벌써 다 구했다고?"

또치는 이그노리가 적어놓은 종이를 슬쩍 넘겨다보면서 한마디 하더니 하던 일을 계속했다.

"그래, 다 구했다. 약수의 개수를 구하기 위해서는 먼저 24의 약수가 무엇들이 있는지 알아보아야 한다고. 먼저 24는 2를 12개로 묶어서 만들 수 있는 수이니까 2×12로 나타낼 수 있어. 이때 2는 인수가 되고 12는 약수가 되는 거지. 그런데 반대로 12를 2개로 묶어서도 24를 만들 수 있지. 다시 말하면 12×2로 곱셈으로 나타낼 때를 말하는 거야. 이때는 12가 인수이고 2가 약수가 되겠지. 그러니까 곱셈기호(×)를 기준으로 양쪽의 수는 모두 약수로 해도 된단 말이야. 그래서 전에 폐하와 동수가 대화를 나눌 때 약수와 인수는 결과적으로 같다고 했던 거지. 그래서 24를 만들기 위한 3×8, 4×6에서 3, 8, 4, 6을 모두 약수라고 한 거라고. 그러니 24의 약수는 모두 6개인 거지. 어때! 충분히 설명이 되었겠지?"

이그노리는 또치가 보건말건 자신이 종이에 적은 내용을 또치 옆에서 열심히 설명했다.

"히히히! 자~ 나도 완성했다!"

또치가 이그노리가 종이에 적은 것을 다시 한 번 힐끔 더 보고 자신의 것을 앞으로 내어놓았다.

"하하하! 이제서 24의 약수를 다 구했다고? 이미 승패는 결정 났는걸! 어서 길이나 알려…… ??? 어? 이게 뭐야! 8개라고?"

호탕하게 웃으며 또치가 내어놓은 표를 곁눈으로 지그시 보던 이그노리의 얼굴이 갑자기 바뀌었다. 그리고는 표에 얼굴을 바짝 들이밀며 자세히 보기 시작했다.

"낄낄낄! 헷, 헤헤헤! 잘 보라고."

"……"

24를 나눗셈 방식으로 소인수분해 하여 표로 만들면

$$2 \,)\, 24$$
$$2 \,)\, 12$$
$$2 \,)\, 6$$
$$ 3$$

$$24 = 2^3 \times 3$$

×	1	3
1	$1 \times 1 = 1$	$1 \times 3 = 3$
2	$2 \times 1 = 2$	$2 \times 3 = 6$
2^2	$2^2 \times 1 = 4$	$2^2 \times 3 = 12$
2^3	$2^3 \times 1 = 8$	$2^3 \times 3 = 24$

※ 그러므로 24의 약수는 1, 2, 3, 4, 6, 8, 12, 24

● 따라서 24의 약수 개수는 8개

이그노리는 눈만 껌벅이며 마치 돌부처가 된 양 멍하니 표를 바라보며 앉아 있었다.

"소수를 포함해서 모든 수는 1과 자기 자신을 약수로 갖는데, 그걸 빠뜨렸네요."

동수는 이그노리가 적어놓은 종이쪽지를 찬찬히 살펴보다가 말했다.

"알아! 나도 안다고! 그냥 착각했을 뿐이야! 잘난 체하지 마!"

이그노리가 얼굴을 동수 쪽으로 휙 돌리며 소리쳤다.

"이번엔 우리 수학고문이 한번 겨뤄보면 어떨꼬?"

왕이 안타까운 표정으로 동수를 쳐다보며 말했다.

"예, 폐하! 저 또치를 꼭 이겨서 반드시 길을 알아내도록 하겠습니다."

"오라! 이번에는 애송이? 아무튼 누구든지 덤벼보라니까."

"그래, 좋아! 그런데 이번에는 공정하게 문제를 내자고. 네가 문제를 내면 네가 이미 답을 알고 있을 수도 있잖아?"

동수가 또치에게 새로운 제안을 했다.

"맘대로! 그런데 어떻게 공정하게 할 건데?"

"1부터 10까지 열 장의 종이쪽지를 만들어서 섞어놓은 후 네가 한 장 뽑고 내가 한 장 뽑아서 합친 수의 약수를 구하기로 하는 거야."

"좋아! 거, 아주 재미있겠는데!"

왕이 병사들을 시켜서 열 장의 종이쪽지에 0부터 9까지의 숫자를 각각 적은 후 바닥에 엎어놓도록 했다.

"자, 또치 네가 먼저 숫자를 하나 집어봐! 네가 집는 숫자는 10의 자리로 하기로 해!"

"히히히! 낄낄낄! 알았어! 아이~ 재밌다."

또치가 연신 웃으며 왼쪽에서 세 번째에 있는 종이쪽지 한 장을 집어 들었다.

"너는 9구나! 그럼 이번에는 내가…."

동수도 오른쪽에서 두 번째에 있는 종이 한 장을 집어 들었다.

"넌 0이네! 그러니까 우리 둘의 숫자를 연결하면 90이라는 거지?"

"그래! 이제 우리 둘이 90의 약수 개수를 누가 빨리 정확히 알아맞히나 겨루면 되는 거야."

동수가 수첩을 집어 들며 말했다.

"그래, 그래! 너도 나한테 좀 혼나봐라!"

또치도 새 종이 한 장을 놓고 문제를 풀기 시작했다.

"우리 수학고문은 왜 약수의 개수를 구하다 말고 가만히 앉아 있는고? 문제가 너무 어렵지? 24의 약수를 구하는 것도 쉽지 않아서 시종장도 실수를 했는데…. 이번에는 90의 약수를 구해야 되니…. 허 허 참!"

왕이 탄식하며 걱정스런 표정으로 말했다.

"걱정 마셔요. 폐하. 전 이미 90의 약수 개수를 구해놓았는걸요."

동수는 답을 적어놓은 수첩을 엎어놓고 앉아 있었던 것이다.

"아니, 벌써? 오~ 역시 우리 수학고문은 천재 구나! 그런데…."

"왜요?"

왕이 뭔가 말하려 멈추자 동수가 물었다.

"네 답이 맞는지 걱정스러우신 거야!"

이그노리가 퉁명스럽게 말했다.

"헤헤! 걱정 안 하셔도 돼요."

동수가 밝게 웃으며 말했다.

"자, 여기!"

또치가 자신의 답을 적은 종이를 내보이며 말했다.

"와아~ 정말 복잡하다!"

한 병사가 답을 적은 표를 보고 놀라 소리쳤다.

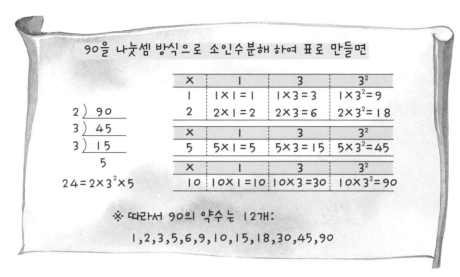

90을 나눗셈 방식으로 소인수분해 하여 표로 만들면

$$2)\ 90$$
$$3)\ 45$$
$$3)\ 15$$
$$5$$
$$24=2\times3^2\times5$$

×	1	3	3^2
1	$1\times1=1$	$1\times3=3$	$1\times3^2=9$
2	$2\times1=2$	$2\times3=6$	$2\times3^2=18$

×	1	3	3^2
5	$5\times1=5$	$5\times3=15$	$5\times3^2=45$

×	1	3	3^2
10	$10\times1=10$	$10\times3=30$	$10\times3^2=90$

※ 따라서 90의 약수는 12개:
1,2,3,5,6,9,10,15,18,30,45,90

"흥! 복잡하다고 모두 정답이냐? 잘 모르니까 괜히 복잡하게 적어놓은 거겠지. 자신 있으면 설명해봐!"

이그노리가 콧방귀를 뀌며 말했다.

"낄낄낄! 설명하면 이해는 하려나? 그럼 설명할 테니 잘 들어, 이 멍청아! 먼저 90을 나눗셈 방식으로 소인수분해 해서 거듭제곱의 모양으로 정리하면 $90=2\times3^2\times5$로 된다고. 그런데 여기서 내가 사실 고민을 많이 했지. 아까 저 멍청이 시종장과 겨룰 땐 24의 약수를 구하는 문제여서 2와 3 두 종류의 소수로만 되어 있었지. 그래서 표를 만드는 데 쉬웠어. 그런데 이번에는 소수 5가 더 있단 말이야. 그래서 고민, 고민 했지. 너무 생각하다가 저 애송이 수학고문인가 하는 녀석이 나보다 먼저 문제를 푼 모양인데, 그건 크게 걱정 안 해. 쟨 틀렸을 테니까."

"어서 설명이나 계속 해보라고. 이 건방진 도깨비 녀석아!"

이그노리가 소리쳤다.

"알았어, 알았어! 그래서 먼저 앞에 있는 소수 2와 3으로만 우선 약수 표를 만들었지. 그리고 다음에는 3과 5로만 표를 만들었지. 그런데 여기에서 중요한 것을 발견했어. 5의 약수 중에 1은 이때는 사용하지 않기로 했어. 앞에 있는 표에서 사용했는데, 또 사용하면 1을 다시 한 번 1, 3, 3^2에 곱하게 돼서 1, 3, 9라는 약수를 한 번 더 만들어 내게 되거든. 이런 거는 영리한 나니까 생각했지. 너희같이 바보들은 어림없어!"

×	1	3	3^2
1	$1 \times 1 = 1$	$1 \times 3 = 3$	$1 \times 3^2 = 9$
2	$2 \times 1 = 2$	$2 \times 3 = 6$	$2 \times 3^2 = 18$

×	1	3	3^2
5	$5 \times 1 = 1$	$5 \times 3 = 15$	$5 \times 3^2 = 45$

"그 잘난 체하는 입 다물지 못해!"

이그노리가 도저히 참을 수 없다는 듯이 소리쳤다.

"히히! 자존심은 있어서. 자, 진정하고 내말 계속 들으라고. 내가 정말 고민했던 건 마지막 표야. 2와 3 그리고 5가 모두 섞여 있는

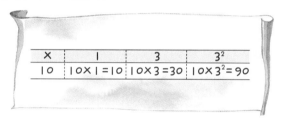

×	1	3	3^2
10	$10 \times 1 = 10$	$10 \times 3 = 30$	$10 \times 3^2 = 90$

표가 하나 더 필요했지. 먼저 소수 2와 5의 약수인 2와 5를 곱했어. 물론 여기서도 약수 1은 제외했지. 이미 한 번 사용했으니까. 아무튼 그래서 10을 만들었어. 그것을 다시 3^2의 약수들인 1, 3, 3^2과 각각 곱하는 표를 만든 거야. 그래서 여기서 또 3개의 약수를 구해냈지. 그랬더니 표 가장 밑에 내가 정리해놓았듯이 12개의 약수가 모두 구해지더군. 어때 대단하지?"

"그래, 네가 제~일 잘났다."

의기양양해 하는 또치에게 이그노리가 빈정거렸다.

"그~럼, 내가 제~일 잘났지. 자, 애송이 이번에는 네가 적어놓은 종이

뒤집어봐!"

또치가 동수에게 말했다.

$$2)\underline{90}$$
$$3)\underline{45}$$
$$3)\underline{15}$$
$$5$$

90의 소인수분해:

$$90 = 2 \times 3^2 \times 5$$

90의 약수 개수:

$$(1+1) \times (2+1) \times (1+1) = 12(개)$$

"엥? 그게 다야?"

또치는 눈이 동그라져서 동수의 답부터 확인했다.

"답은 틀림없을 거야. 네 답과 같잖아! 12개. 그리고 내가 너보다 먼저 답을 구했으니까 내가 이긴 거고."

동수가 빙긋이 웃으며 말했다.

"설명해봐! 알지도 못하면서 대충 끼워 맞춘 거지?"

또치가 약간 기가 죽어서 말했다.

"그래, 설명하지! 수첩 종이에 적어놓았듯이 나눗셈을 이용해서 소인수분해 한 것은 너와 같아. 그런데 공식을 이용해서 약수의 개수를 쉽게 구한 것이 너와 다르지."

"그깟 이상한 공식은 어떻게 알았지?"

또치가 입을 삐쭉이 내밀며 물었다.

"네가 아까 시종장님과 대결할 때 만든 표를 보면서 힌트를 얻었지. 그래서 만들어본 거야. 가령 $24 = 2^3 \times 3$처럼 소인수분해 하여 어떤 수를 소수만의 곱으로 나타낼 때는 약수 1을 생략하여 표시하지. 그러나 어떤 수의 약수 개수를 알아보려고 할 때에는 다시 1을 생각해내야 한다는 것을 알게 된 거야. 결국 어떤 수를 구성하고 있는 각 소수의 지수에 1을 더한 후 그것들끼리 곱하면 그 어떤 수의 약수 개수가 된다는 것을 알았지."

"흥! 그렇게 하면 약수의 개수는 쉽게 알 수 있겠네. 그렇지만 개수만 알지 모든 약수를 한눈에 알 수는 없잖아!"

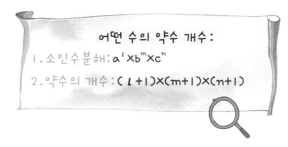

어떤 수의 약수 개수:
1. 소인수분해: $a^l \times b^m \times c^n$
2. 약수의 개수: $(l+1) \times (m+1) \times (n+1)$

또치가 억지를 부려보았다.

"물론이지! 그러나 네가 먼저 약수의 개수를 누가 먼저 맞히는지만 겨루자고 했잖아? 그러니 이 시합은 내가 이긴 거지. 그러니 어서 길이나 알려달라고."

"에이~ 할 수 없군. 모든 약수를 구하기로 할걸. 아무튼 내가 졌다. 길은 오른쪽 길로 가면 지름길이야. 그런데 고생 좀 해야 할걸!"

또치가 투덜거리며 길을 알려주었다.

"고맙다! 또치야. 그래도 재밌었어! 안녕!"

"그래! 공주님을 꼭 구하길 바랄게. 아! 잠깐만!"

무슨 생각이 들었는지 또치가 돌아서려던 동수를 급히 불렀다.

"왜? 또치야."

밝게 웃으며 동수가 돌아섰다.

"응, 이거 주려고. 그리고 잠깐 기다려."

또치가 이상하게 생긴 방망이 하나를 동수에게 건네주었다. 그리고는 종이에 뭔가 열심히 적었다.

"자! 이것도 주머니에 넣어둬."

또치가 뭔가 적은 종이쪽지 두 개를 동수에게 주었다.

"이 방망이는 왜 내게 주니? 그리고 이 종이에 적은 건 뭐야?"

"어려울 때 종이를 꺼내서 읽어봐! 먼저 파란색 종이를 열어보고 다음에 빨간색 종이를 펼쳐봐! 그럼 큰 도움이 될 거야. 네가 마음이 들어서 주는 거야. 그럼 행운을 빌게. 잘 가!"

"또치야! 정말 고마워! 보고 싶을 거야. 안녕!"

동수는 몇 번이고 뒤돌아보고 또치는 동수가 보이지 않을 때까지 손을 흔들어주며 작별했다.

또치가 알려준 길로 일행은 열심히 행군했다. 이틀이면 아리쓰매릭 왕국에 도달할 것이라는 생각에 모두 발걸음이 가벼웠다.

바로 그때.

앗! 대왕 폐하! 저 위에…

앞서가던 병사들이 앞으로 더 나아가지 못하고 모두 입만 벌린 채 그 자리에 서 있었다.

소인수분해를 이용해서 약수와 약수의 개수를 구해보자!

어느 자연수의 약수는 어떤 것들이 있는지?

그 약수의 개수는 모두 몇 개인지 쉽게 알 수 있는 방법은 없을까?

소인수분해를 이용하면 쉽게 해결할 수 있어!

40의 약수와 약수의 개수를 구해볼까?

우선 소인수분해를 해보면 $40 = 2^3 \times 5$이야.

40의 약수에는 어떤 것들이 있는지 표로 만들어볼게.

×	1	2	2^2	2^3
1	$1 \times 1 = 1$	$1 \times 2 = 2$	$1 \times 2^2 = 4$	$1 \times 2^3 = 8$
5	$5 \times 1 = 5$	$5 \times 2 = 10$	$5 \times 2^2 = 20$	$5 \times 2^3 = 40$

그러니까 40의 약수에는 1, 2, 4, 5, 8, 10, 20, 40이 있다는 거지.

이제 비로소 약수의 개수는 8개라는 것을 알 수 있게 되었어.

근데 약수를 모두 확인하기 전에도 약수의 개수를 알 수 있단다.

다음 표를 잘 봐!

> 어떤 수의 약수 개수:
> 1. 소인수분해: $a^l \times b^m \times c^n$
> 2. 약수의 개수: $(l+1) \times (m+1) \times (n+1)$

다시 말해서 약수의 개수는 소인수분해를 한 후에

모든 지수에 1을 더해서 모두 곱하면 쉽게 구할 수 있단다.

40의 약수 개수를 이 방법으로 다시 구해보면 $40 = 2^3 \times 5$이니까

2의 지수 3에 1을 더하고 5의 지수 1에 1을 더해서 곱하면

$(3+1) \times (1+1) = 8$

그러니까 40의 약수 개수는 8개.

봐! 내 말이 딱 맞지?

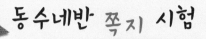

약수 구하기

 1 다음에서 392의 약수가 <u>아닌</u> 것은?

① 1   ② 2   ③ 6

④ 56   ⑤ $2^3 \times 7^2$

정답 ③

392의 소인수 분해

$= 2^3 \times 7^2$

약수: 1, 2, 4, 7, 8,

     14, 28, 49, 56, 98, 196, 392

392의 약수 표

×	1	2	2^2	2^3
1	$1 \times 1 = 1$	$1 \times 2 = 2$	$1 \times 2^2 = 4$	$1 \times 2^3 = 8$
7	$7 \times 1 = 7$	$7 \times 2 = 14$	$7 \times 2^2 = 28$	$7 \times 2^3 = 56$
7^2	$7^2 \times 1 = 49$	$7^2 \times 2 = 98$	$7^2 \times 2^2 = 196$	$7^2 \times 2^3 = 392$

(지수를 이용한)
약수의 개수 구하기

 2 다음 수 $18900 = 2^2 \times 3^3 \times 5^2 \times 7$의 약수 개수를 구하라.

① 69   ② 70   ③ 71

④ 72   ⑤ 73

정답 ④

어떤 수의 약수 개수

1. 소인수분해: $a^l \times b^m \times c^n$

2. 약수의 개수: $(l+1) \times (m+1) \times (n+1)$

$(2+1) \times (3+1) \times (2+1) \times (1+1) = 72$

7 공약수와 최대공약수

학습 요점
- 공약수
- 서로소
- 최대공약수의 응용
- 최대공약수의 뜻과 성질
- 최대공약수 구하는 방법

얼음산을 녹인 태양광선 번개 틀

와아!

정말 대단한 얼음산이다.

눈으로 덮여 있는 얼음산이 하늘 높이 솟아 있었다.

"어어어어어어어어어어 어이쿠!"

병사들이 어떻게든 올라가보려 했지만 번번이 실패했다. 조심조심 꽤 많이 올라가다가도 한번 기우뚱하면 주―욱 또 다시 미끄러져 맨 밑까지 내려갔다.

"폐하! 이대로는 도저히 저 산을 넘을 수 없사옵니다."

"으음! 그렇겠구려. 후~ 달리 방법이 없단 말인가?"

왕이 얼굴을 찡그리며 이그노리의 말에 답했다.

"폐하, 이렇게 해보면….'"

"뭐요? 좋은 생각이 있소?"

이그노리가 하던 말을 멈추려하자 왕이 재촉했다.

7. 공약수와 최대공약수 **123**

"저 산에 있는 눈과 얼음을 모두 녹여버리면 되지 않을까요?"

"에이~! 무슨 방법으로 저 많은 눈과 얼음을 녹인단 말이오?"

왕이 실망한 표정으로 말했다.

"아닙니다. 폐하. 저 아래 숲에서 나무를 베어다가 불을 놓으면 저 산의 눈과 얼음쯤은 모두 녹여버릴 수 있을 것이옵니다."

이그노리가 자신감에 찬 목소리로 말했다.

"그럼 시종장의 뜻대로 해보시오."

왕은 마지못해 허락했다.

"와! 불이 타올랐다!"

"눈이 녹기 시작한다!"

병사들이 소리를 지르며 좋아했다. 이그노리의 명령에 따라 병사들은 마른 풀들을 모으고 큰 나무들을 베어서 산더미 같이 쌓아놓고 불을 붙였던 것이다.

"폐하! 보시옵소서. 눈이 녹고 있지 않습니까?"

"오호! 시종장의 생각은 정말 대단하오."

이그노리가 의기양양하며 말하자 왕도 기뻐하며 칭찬해주었다.

"앗! 저기…. 회오리바람이다!"

한 병사가 소리쳤다. 그곳에서는 거대한 회오리바람이 몰려오고 있었다. 찬 공기가 있었던 곳에 갑자기 뜨거운 공기가 섞이면서 회오리바람이 생겨났던 것이다. 건물도 한순간에 날려버린다는 토네이도인 것이다.

휘이잉~

불타오르던 산자락에는 어느덧 차가운 바람만 불고 있었다. 회오리바람에 타오르던 불이 순식간에 꺼져버린 것이다.

"어허~! 이제 어떻게 한단 말이오!"

왕이 탄식하며 원망하듯이 하늘을 올려다보았다. 이그노리와 병사들도 말없이 서 있었다.

"와! 운모다."

"어? 더구나 희귀한 금운모야!"

병사들이 불이 타던 자리에 모여서 탄성을 지르며 떠들었다. 땅을 덮고 있던 얼음이 불에 녹으면서 광택이 나는 까만 돌이 드러났던 것이다.

"지금 그게 문제야! 아무리 값나가는 게 있으면 뭐해! 공주님을 구하러 가지도 못하고 있는데!"

이그노리가 가까이 다가와 보고 퉁명스럽게 내뱉어 말했다.

"운모요? 그게 뭔데요?"

동수가 끼어들어 물었다.

"희귀한 돌인데요. 얇게 잘라서 표면을 매끄럽게 갈고 닦으면 광택이 나고 거울로도 쓸 수 있어요."

쪼그리고 앉아서 운모를 구경하던 한 병사가 말해주었다.

"아! 이게 그 운모로군요?"

동수가 반가운 목소리로 말했다. 마침 또치가 준 파란 종이를 펼쳐보다가 운모가 뭔가 궁금하던 차였다.

"무슨 일이야?"

이그노리가 동수가 펼쳐 쥐고 있는 파란 종이쪽지를 넘겨다보면서 물었다.

"아까 또치가 어려울 때 펼쳐보라고 주었던 종이거든요. 깜빡 잊고 있었는데, 좀 전에 생각나서 막 펼쳐보고 있었어요. 그런데 글쎄, 여기에 '얼음산을 녹이는 기계'를 만드는 법이 적혀 있지 뭐예요?"

"으흠, 여기 필요한 재료 중에 운모가 적혀 있군. 그래서….'

"맞아요! 그래서 운모가 뭔가 시종장님께 물어보려 하는데, 마침 병사들이 바로 그 운모를 발견했군요. 정말 다행이어요."

"흥, 다행은 무슨! 그 도깨비 말을 진짜로 믿으려 한단 말이야?"

이그노리가 콧방귀를 뀌며 홱 돌아섰다.

"어디…. 그게 뭔데 그러냐?"

왕도 슬그머니 관심을 나타냈다.

얼음산을 녹이는 기계
1. 이름: 태양광선 번개 틀
2. 재료: 운모(금운모이면 효과가 더 좋음)
       나무판자(가로 98m, 세로 56m)
3. 만드는 방법:
   (1) 운모를 얇게 쪼개서 거울처럼 광택을 냄
   (2) 나무판자에 빈틈없이 붙일 것
※ 단, 가능한 한 큰, 똑같은 크기의 정사각형 운모조각
4. 사용법: 빨간 쪽지를 시종장에게 줄 것

"여기, 이것이옵니다. 폐하. 아무래도 운모를 거울처럼 만들어 붙인 후 햇빛을 반사하게 해서 얼음을 녹이는 것이 아닌가 생각되기는 하는데…."

동수가 왕에게 파란 종이쪽지를 건네며 말을 얼버무렸다.

"음, '태양광선 번개 틀'이라…. 그깟 거울에 반사되는 햇빛으로 저 많은 얼음들을 녹일 수 있을까?"

"제 생각도 그렇기는 합니다. 그렇지만…."

"그래, 달리 방법이 없으니 한번 만들어보도록 하라!"

왕도 마지못해 허락은 했지만 별로 기대하지는 않았다.

그렇지만 동수는 왠지 또치를 믿고 싶었다. 또치의 맑은 눈망울은 절대 거짓을 말하고 있지 않았기 때문이었다.

"수학고문님, 여기 나무판자 준비했습니다."

한 병사가 추운 날씨에도 땀을 뻘뻘 흘리며 말했다.

"수고하셨어요. 그런데 가로 98m, 세로 56m. 정확하죠?"

동수가 웃으며 말했다.

"헤헤헤! 그럼은요. 1mm도 틀리지 않게 정확히 만들었죠."

병사가 시원스레 대답했다.

"수학고문님! 이것 보세요. 아주 반짝반짝 광택을 잘 내놓았죠? 금운모라 색이 아주 좋아요."

한 구석에서 운모판을 만들던 병사들이 소리쳤다.

"어디요. 와! 정말 아름다우네요."

동수가 집게손가락으로 운모판을 부드럽게 닦아보며 말했다.

"그런데 운모판은 몇 개나 필요하지요?"

영리하게 생긴 한 병사가 물었다.

"나무판에 빈틈없이 붙여야 되고요. 가능한 한 큰 정사각형 모양이어야 하거든요. 그러려면 몇 개나 필요할지…?"

동수도 대답을 시원스레 제대로 해주지 못하고 머뭇거렸다.

"우선 가로든 세로든 간에 나무판자의 한 변을 몇 센티미터씩 나눌지부터 생각해두어야 할 거 같아요. 사각형 운모를 나무판자에 빈틈없이 붙이려면 운모의 한 변 길이는 나무판자의 길이를 나머지 없이 똑같이 나누어떨어지게 하는 수여야 하니까요."

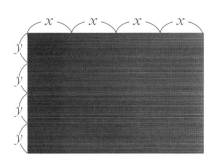

나누기를 좋아하는 디바이저가 말했다.

"어? 그럼 우리가 전에 공부했던, 약수들을 구해보던 것과 같잖아요? 나머지 없이 나누어떨어지게 하는 수요."

동수가 깜짝 놀라며 반갑게 말했다.

"하하하! 그러고 보니 정말 그러네요."

디바이저도 활짝 웃으며 동수의 말에 동의했다.

"그러면 나는 나무판자의 가로 길이인 98의 약수를 구할게요. 자, 디바이저씨는 여기에 56의 약수를 구해보세요."

동수가 수첩을 펼쳐서 적을 준비를 하며 한 장을 뜯어서 디바이저에게 주면서 말했다.

잠시 후.

"다 구했어요. 56의 약수는 모두 8개네요. 지난번에 수학고문님이 말한 대로 소인수분해 한 것의 지수에 1을 더한 후 곱해서 이렇게 $(3+1) \times (1+1)$ 해서 확인했더니 역시 8개가 되었고요."

디바이저가 수첩쪽지를 내보이며 말했다.

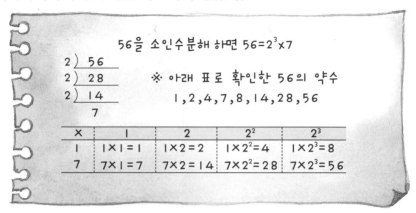

"와아! 정말 알기 쉽게 잘 정리하셨네요. 그러니까 56의 약수는 1, 2, 4, 7, 8, 14, 28, 56이라는 거군요?"

동수가 환하게 웃으며 말했다.

"그렇죠. 지난번에 시합할 때 또치가 사용하던 표를 나도 한번 사용해보았더니 약수 찾기가 참 편리했어요."

디바이저가 종이 위에 있는 표를 가리키며 말했다.

"그렇다면 약수가 8개이니까 나무판자의 세로를 똑같이 나눈다면 8가지로 나눌 수 있다는 거네요?"

"그렇죠. 그러니까 운모의 한 변을 8가지 종류로 만들 수 있다는 말도 되는 거구요. 약수의 숫자대로 1, 2, 4, 7, 8, 14, 28, 56으로 나눌 수 있겠어요."

"그럼 가령 나무판자 세로의 한 변을 1m씩 나누고 그곳을 빈틈없이 채우려면 한 변이 1m짜리인 운모가 56개나 필요하다는 거네요?"

동수가 놀라며 말했다.

"또치가 준 종이에 가능한 한 큰 운모를 붙이는 것이 좋다고 했으니까 가장 큰 약수를 사용해서 56m씩 나눌 수도 있어요."

"와! 그럼 운모 한 쪽이면 다 채워지겠네요?"

동수가 반갑게 말했다.

"나무판자의 가로변은 생각하지 않냐? 가로변이 98m라며? 56m짜리 운모 한 쪼가리만 떡하니 붙여놓으면, 그럼 가로변에 빈틈이 생기는 것은 어쩔 건데? 아까 그 건방진 또치 녀석이 준 종이에 보니까 빈틈이 있으면 안 된다고 했던데. 아무튼 쓸데없는 짓 하느라고 애들 쓴다! 애들 써!"

"아참! 맞아요. 가로변도 생각해야지? 그럼 어서 가로변의 약수를 구하는 것도 서둘러야 하겠네?"

이그노리가 빈정대는 것도 아랑곳없이 동수는 가로변의 길이를 일정하게 나눌 수 있도록 약수 구하는 일을 서둘렀다.

"자, 저도 다 구했어요. 98에는 약수가 6개밖에 안 돼요."

동수가 수첩을 내보이며 말했다.

98을 소인수분해하면 $98 = 2 \times 7^2$

$$\begin{array}{r} 2\,)\,98 \\ 7\,)\,49 \\ \hline 7 \end{array}$$

×	1	7	7^2
1	$1 \times 1 = 1$	$1 \times 7 = 7$	$1 \times 7^2 = 49$
2	$2 \times 1 = 2$	$2 \times 7 = 14$	$2 \times 7^2 = 98$

※ 위 표로 확인한 98의 약수
1, 2, 7, 14, 49, 98

"신기해요. 98이 56보다 수는 더 큰 데도 약수의 개수는 더 적네요?"

"그러게요. 저도 그렇게 생각했어요."

디바이저의 말에 동수도 고개를 끄덕이며 말했다.

"어? 가로변도 세로변처럼 1m씩 나눌 수 있어요."

디바이저가 동수의 수첩을 들여다보다 말했다.

"물론 그렇겠지. 98의 약수에도 1이 있으니까. 그렇지만 그렇게 나누어서 운모를 붙이려 한다면 98조각이나 만들어야 한단 말이야. 차라리 크게 만들면서 적은 수를 만드는 것이 낫지, 조그만 것을 여러 개 만들려면 얼마나 힘든 일이라고."

운모판 만드는 기술자인 글래스꼬라는 병사가 투덜거리면서 디바이저를 흘겨보았다.

"하긴 가능한 한 크게 만드는 것이 좋다고도 했으니까…."

디바이저도 그 말에 동의했다.

"와아! 아저씨, 그게 뭐죠?"

글래스꼬가 유리판에 뭔가 적고 있는 것을 본 동수가 물었다.

"아하! 계산하는 것을 곁에서 마냥 기다리고 있기 심심해서 여기 초록테가 있는 투명 유리판에 56의 약수를 모두 적어보았어요. 그리고 이쪽 붉은 테 유리판엔 98의 약수를 적어보았지요. 난 유리판에 뭔가 적어보는 것이 취미거든요."

"그랬군요. 그런데 그 두 유리판을 약간만 겹쳐보시겠어요?"

"이, 이렇게요?"

글래스꼬가 동수가 하라는 대로 유리판을 약간 겹쳐 보여주었다.

"바로 이거예요!"

동수가 소리쳤다.

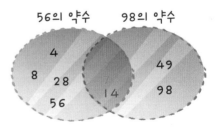

56의 약수   98의 약수

4

8   28   49

14   98

56

"뭘 보고 그러는 거지!"

이그노리가 곁눈질로 흘겨보며 혼잣말로 중얼거렸다.

"유리판끼리 겹쳐 있는 가운데 보이는 1, 2, 7, 14는 56과 98에 모두 들어 있는, 두 수에 공통인 약수라고요."

"그래서 그게 어쨌단 거지?"

이그노리가 궁금해서 못 참겠다는 듯이 물었다.

"그러니 그 중에 한 수를 골라서 56과 98을 나누면 모두 나머지 없이 정확히 나누어지겠죠. 바로 정사각형의 운모를 만들 수 있는 수라고요."

"아하! 그러니까 가로의 수와 세로의 수에 모두 공통인 약수로 운모를 만들면 정사각형 운모가 된다는 말이지? 그럴듯해!"

왕도 무릎을 치며 기뻐했다.

"공통인 약수는 **공약수**라고 하면 간단할 텐데. 함께할 공(共)이라는 한자가 있거든. 그러니까 다른 수와 함께 하는 약수라는 거지."

나무 위에서 졸고 있던 까삐가 끼어들었다.

"그래, 두 개 이상의 자연수에 함께 공통으로 속하는 약수라는 뜻으로 공약수라고 하면 아주 적절한 이름이 되겠구나. 그러니까 56과 98의 공약수는 1, 2, 7, 14가 되겠구면."

왕도 까삐가 지은 이름을 기꺼이 인정해주었다.

"잠깐만요!"

운모를 다듬던 병사 중에 영리하게 생긴 병사가 소리쳤다. 모두가 그를 쳐다보자 그는 말을 이었다.

"그렇다면 '태양광 번개 틀'에는 한 변이 14m인 정사각형의 운모를 만들어 붙이면 되지 않을까요? 가능한 한 큰 정사각형의 운모를 붙이라면서요. 그런데 필요한 운모의 개수는 몇 개나 만들어야 되나?"

"와아! 맞아요! 찾았어요! 그러니까 공약수 중에서 가장 큰 공약수의 길이로 정사각형 운모의 한 변을 만들면 나무판자를 빈틈없이 채우면서도 가능한 한 최고로 큰 정사각형을 만들 수 있겠군요."

동수가 흥분을 감추지 못하고 펄쩍펄쩍 뛰며 좋아했다.

"가장 큰 공약수라고? 그건 **최대공약수**라고 하면 되지! 뭘 그렇게 복잡하게 말해! 가장 최(最)라는 한자가 있거든."

"아휴~ 저 말 많은 잘난 체하는 꼴이란. 저 새 좀 누가 요리해 먹어치울 사람 없나?"

"에이~ 시종장은 왜 그런 심한 말을 하는 거요! 내가 듣기에 최대공약수라는 이름은 공약수 중에서 가장 큰 수라는 뜻을 나타내는 아주 적절한 이름이구먼. 그러니까 56과 98 사이의 공약수인 1, 2, 7, 14 중에서 가장 큰 14가 최대공약수라는 거지?"

왕이 이그노리를 나무라며 까삐가 만든 말을 인정해주었다.

"어? 폐하! 이것 좀 보십시오. 신기한 일이 있습니다."

14를 소인수분해 하면 14=2×7

$$2)\underline{14}$$
$$7$$

×	1	7
1	1×1=1	1×7=7
2	2×1=2	2×7=14

※ 위 표로 확인한 14의 약수
1, 2, 7, 14

"왜 그러나? 우리 수학고문."

"최대공약수인 14의 약수를 좀 보십시오."

수첩에 14의 약수를 계산해보이며 말했다.

"뭐가 신기하다는 거지?"

"폐하, 1, 2, 7, 14는 56과 98의 공약수였잖습니까?"

"그랬지! 그 중에서 14는 가장 큰 수여서 최대공약수라고 그랬고. 그런데?"

"그 14의 약수 좀 보십시오."

"1, 2, 7, 14이군. 가만! 아니? 56과 98의 공약수가 그 두 수의 최대공약수인 14의 약수와 같지를 않은가?"

"그렇습니다. 두 개 이상의 자연수의 공약수는 그 수들의 최대공약수의 약수라는 것을 알 수 있다는 거지요. 폐하."

"오호, 정말 재미있는 사실이군."

왕도 수첩을 보며 고개를 끄덕였다.

"아이고! 아이고! 정말 답답하네! '태양광 번개 틀'인가 뭔가 쓸데없는 것을 만든다고 호들갑을 떨길 레 난 무시하려고 했는데, 답답해서 한마디 하지 않을 수 없군."

이그노리가 디바이저가 적은 종이쪽지와 동수가 적어놓은 수첩을 곁눈질로 살펴보다가 갑자기 끼어들며 말했다.

"무슨 말인데요?"

동수가 돌아보며 말했다.

"결국 알고 싶었던 것은 56과 98의 최대공약수였잖아! 그렇다면 멍청하게 56과 98의 약수를 따로 구하고, 그것도 모자라 글래스꼬가 낙서해놓은 유리판을 겹쳐보는 등 호들갑을 떨 필요가 있냐고. 이것 보라고! 내가 간단하게 보여줄게."

이그노리가 종이쪽지를 내보였다.

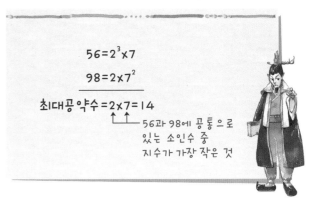

$$56 = 2^3 \times 7$$
$$98 = 2 \times 7^2$$
$$\text{최대공약수} = 2 \times 7 = 14$$

56과 98에 공통으로 있는 소인수 중 지수가 가장 작은 것

"……"

"뭘 그렇게 멍청하게 보고 있어. 보고도 몰라? 자, 들어보라고. 먼저 각각의 자연수를 소인수분해 한 것이 있겠지? 여기에서 공통인 소인수를 찾아봐. 그리고 그 중에서 특히 지수가 가장 작은 수가 두 수의 완전한 공통이지. 위 56과 98에서라면 2와 7이 완전히 공통인 수지. 그 수를 곱하면 바로 최대공약수가 되는 거야. 어때 쉽지?"

이그노리가 집게손가락으로 동수를 쿡 찌르며 말했다.

"에이~ 시종장님! 그건 이미 소인수분해 꼴로 만들어졌을 때 가능한 방법이잖아요! 그 이전에도 최대공약수를 구해낼 수 있는 더 쉬운 방법이 있다고요."

"뭐야!"

이그노리가 홱 돌아서 디바이저를 쏘아보았다.

"이것 좀 보라고요. 우선 두 수를 나란히 놓고 공통된

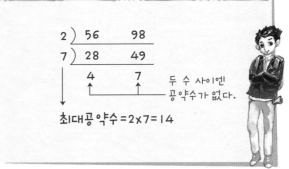

$$
\begin{array}{r|cc}
2 & 56 & 98 \\
7 & 28 & 49 \\
\hline
& 4 & 7
\end{array}
$$

두 수 사이엔 공약수가 없다.

$$\text{최대공약수} = 2 \times 7 = 14$$

약수로, 즉 공약수로 두 수를 계속 나누어가요. 그런데 여기서 1은 제외해야지요. 1로 나누어봐야 전혀 나누지 않은 것과 같으니까요. 그러니까 1을 제외한 공통된 약수를 찾아 나누어야 해요."

"그럼, 언제까지 나눈다는 거야?"

이그노리가 퉁명스럽게 쏘아붙였다.

"몫에 1 이외에는 두 수 사이에 함께 하는 공약수가 전혀 없을 때까지 계속 나누어야지요. 이 일은 지루하지만 소인수분해를 하려면 어차피 나누어야 될 일이잖아요."

"그럼 맨 마지막에 나눈 공약수가 최대공약수라는 거야?"

이그노리가 좀 부드러워진 말로 물었다.

"에이! 아니지요. 나누는 데 사용된 모든 공약수를 곱해야 되요. 그래야 그게 최대공약수가 되는 거라고요."

디바이저가 정리된 종이쪽지를 보여주면서 말했다.

"쳇! 저 56 밑에 나누다 만 4는 왜 더 나누지 않는 거지? 2로 더 나누어질 수 있잖아!"

이그노리가 조롱하는 말투로 말했다.

"안 돼지요. 2는 7의 약수는 되지 않으니까요. 4와 7의 공약수가 있어야 더 나눌 수 있는데, 둘 사이에는 1 이외에는 공통된 약수가 전혀 없잖아요."

"두 수 사이에 1 이외에는 공통된 약수가 없이 서로 순수한 관계를 유지하니까 **서로소**라고 하면 어떨까? 소수처럼 여기에서도 흰 소(素)를 넣어서 서로소라고."

항상 이름 짓는 것이 취미이고 특기인 까삐가 이때다 싶었는지 또 끼어들었다.

"오호! 그래, 서로소! 서로 간에 1 이외에는 공통된 약수가 없이 서로 순수한 수라는 거지? 역시 까삐는 이름 짓는 데는 천재란 말이야."

까삐가 지은 이름을 항상 칭찬해주는 왕이 말했다.

"야! 디바이저! 너무 잘난 체하지 말라고! 꼭 나누어야 한다면 그렇게 복잡하게 2로 나누고 또 7로 나누고 하지 말고 처음부터 14로 나누면 간편하잖아? 공통된 인수가 큰 수로 나눌수록 계산이 간단해질 거라는 것은 저 멍청이 까삐도 알겠다!"

"뭐? 왜 가만히 있는 나를 거기에 끌어들이는데!"

자존심이 상했던 이그노리가 디바이저에게 쏘아붙이며 까삐 이야기를 하자 까삐도 화를 냈다.

"저, 수학고문님! 운모판을 몇 장이나 준비해야 될지 어서 말해주어야지요!"

운모 다듬는 일을 하던 영리하게 보이는 병사가 기다리다 못해 동수에게 다시 재촉했다.

"아참! 미안해요. 아저씨. 운모의 한 변은 14m로 하기로 했으니까, 나무판자의 가로변인 98m에 모두 빠짐없이 운모를 붙이려면 98 나누기 14, 그러니까 음, 98÷14 해서 7개가 필요하겠네요. 그리고 세로변 56m에는 56÷14 해서 4개가 필요하겠어요."

"그럼 한 줄에 7개씩 4줄이 필요하거나 한 줄에 4개씩 7줄이 필요하다

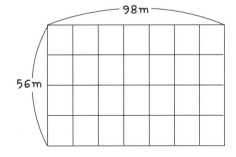

는 거네요?"

"그렇죠. 그럼 7 곱하기 4, 다시 말하면 7×4여서 14m짜리 운모가 모두 28개 필요하겠어요."

"와! 대단하다."

"정말 태양 빛을 모두 빨아들이고 있는 것 같아!"

병사들이 완성된 '태양광 번개 틀' 주위에 모여 서서 한마디씩 했다.

"오~ 정말 훌륭하도다! 그런데 이것이 어떻게 얼음산을 녹인다는 거지?"

왕도 번개 틀의 위용에 감탄하며 한마디 했다.

"헛짓 했다니까요! 또치의 장난에 수학고문 동수 녀석이 멍청하게 당한 거라고요. 저 돌 쪼가리 몇 개 붙인 이상한 장난감이 어떻게 저 얼음산을 녹일 수 있겠사옵니까? 그렇지 않사옵니까. 폐하."

왕도 의심하는 것 같다고 눈치 챈 이그노리가 이때다 싶었는지 '태양광 번개 틀'을 만든 동수를 거세게 비난했다.

"오! 참, 수학고문! 전에 나에게 파란 종이쪽지를 보여주었을 때 '태양광 번개 틀'의 사용법이 적혀 있었던 것 같은데?"

"맞아요! 폐하. 빨간 종이쪽지, 빨간 종이쪽지가 있었어요. 그걸 시종장 께 드리라고 적혀 있었어요."

동수가 큰소리로 말하며 호주머니에서 빨간 종이쪽지를 꺼내서 이그노리에게 주었다.

"아니? 그걸 왜 나한테 주는데? 나는 '태양광 번개 틀'에는 관심이 없다고."

이그노리가 중얼거리면서 동수가 건네준 빨간색 종이쪽지를 펼쳐보았다. 다음 순간 이그노리의 얼굴이 험악하게 일그러지기 시작했다.

"뭐라고 적혀 있는데요?"

동수가 조심스럽게 물었다.

"내가 뭐라고 그랬어! 그 또치 녀석에게 속았다고 그랬잖아! 그 녀석이 처음부터 우리를 놀리려고 작정했었다고! 그거 이리 내놔! 저놈의 번개 틀을 그냥…."

이그노리가 소리치며 빨간 쪽지를 내팽개쳤다.

그리고는 동수가 가지고 있던, 또치가 줬던 방망이를 빼앗아 들고는 '태양광 번개 틀'이 놓여 있는 곳을 향하여 쏜살같이 달리기 시작했다.

"하하하! 깔깔깔! 헤헤헤!"

동수가 이그노리가 내팽개쳐버렸던 빨간 쪽지를 주워들고 보더니 갑자기 배꼽을 쥐고 웃기 시작했다.

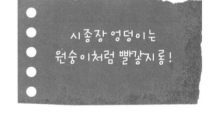

"으 하 하 하 하 하!"

왕도 동수가 들고 있던 쪽지를 넘겨다보고는 웃음을 참을 수가 없었다.

콰 광!

번 쩍!

"와! 얼음산이 녹는다!"

병사들이 소리쳤다.

"아니? 이게 어찌된 일이냐!"

왕이 크게 놀라 소리쳤다.

"시종장님이 방망이로 부술 듯이 '태양광 번개 틀'을 내려치자 그만, 온 천지를 흔드는 큰소리가 나더니 갑자기 번개 틀에서 번개 같은 광선이 나와 눈과 얼음을 녹이고 있사옵니다."

한 병사가 놀란 눈을 껌뻑이며 말했다.

"시종장! 시종장! 이게 어찌된 일인고? 몸은 괜찮소?"

쓰러져 있는 이그노리를 보며 왕이 걱정스럽게 물었다.

"으~음! 으~ 폐하!"

"오! 시종장. 그대가 정말 큰일을 했소. 드디어 얼음산이 녹기 시작했단 말이오."

"예에? 정말이옵니까?"

이그노리가 벌떡 일어나서 산을 올  려다보았다.

이제 산 위의 눈과 얼음은 모두 녹고 바위가 드러난 산에 군데군데 파란 나무들만이 자리 잡고 있었다.

"자! 이제 저 산만 넘으면 아리쓰매릭 왕국이다. 서두르자!"

이그노리가 크게 소리치며 병사들을 재촉했다. 병사들은 앞 다퉈 산을 오르기 시작했다.

공약수·최대공약수는 무엇이고
언제 필요한 거지?

공약수는 두 개 이상의 자연수의 약수들 중에서
공통인 약수를 말하는 거야.

자연수 12와 18의 약수를 비교해볼까?

12의 약수는 1, 2, 3, 4, 6, 12

18의 약수는 1, 2, 3, 6, 9, 18

1, 2, 3, 6이 두 자연수 12와 18에 공통으로 있는 공약수야.

이 4개의 공약수 중에서 가장 큰 것은 6임을 알 수 있어.

6처럼 이렇게 공약수 중에서 가장 큰 것을 최대공약수라고 하지.

그래서 최대공약수의 약수는 또 공약수가 되기도 해.

최대공약수는 언제 필요할까?

직사각형 벽에 여백 없이 가능한 한 큰 정사각형의 타일을 붙일 때

그 타일의 크기 등을 구하는 데 이용할 수 있지.

그러니까 가로 18cm, 세로 12cm인 직사각형에 가능한 한 큰 정사각형의

타일을 붙인다면 한 변이 6cm인 정사각형의 타일 6장을 붙이면 된단다.

최대공약수를 구하는 쉬운 방법 2가지를 소개할게.

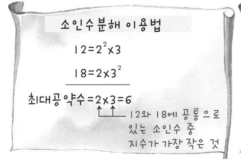

소인수분해 이용법

$12 = 2^2 \times 3$

$18 = 2 \times 3^2$

최대공약수 $= 2 \times 3 = 6$

↑ ↑ 12와 18에 공통으로
있는 소인수 중
지수가 가장 작은 것

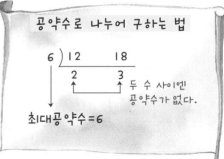

공약수로 나누어 구하는 법

$6) \overline{\begin{array}{cc} 12 & 18 \end{array}}$
$\quad\quad 2 \quad\quad 3$ ← 두 수 사이엔
공약수가 없다.

최대공약수 $= 6$

주어진 수가 소인수분해 모양일 땐 앞의 방법을 따르고

그 이외엔 오른쪽의 공약수로 나누어 구하는 법을 이용하면 된단다.

동수네반 쪽지 시험

서로소

1 다음 두 수의 짝들 중 서로소가 <u>아닌</u> 것은?

① 5와 6　　　　② 14와 15　　　　③ 19와 29

④ 21과 31　　　　⑤ 46과 48

정답 ⑤

46의 약수는　　　1, 2, 23, 46

48의 약수는　　　1, 2, 3, 4, 6, 8, 12, 16, 24, 48

두 수의 공약수는　　1, 2

※ 서로소: 두 수의 공약수가 1뿐일 때

최대공약수 구하기

2 다음 수들의 최대공약수를 구하라.

(1) $2^2 \times 3^3 \times 5^2$과 $2^0 \times 3^2 \times 5 \times 7$

(2) 42와 56 그리고 84

정답 (1) 45　　　(2) 14

(1) 최대공약수

▶공통인 소인수 중
　지수가 가장 작은 것
　$3^2 \times 5 = 45$

(2) 최대공약수 ▶ $2 \times 7 = 14$

$$\begin{array}{r|rrr} 2 & 42 & 56 & 84 \\ 7 & 21 & 28 & 42 \\ \hline & 3 & 4 & 6 \end{array}$$

(지수를 이용한)
공약수의 개수 구하기

 3 어떤 두 자연수의 최대공약수가 84라고 할 때 공약수의 개수는?

① 10   ② 11   ③ 12

④ 13   ⑤ 14

 ③

최대공약수의 약수가 바로 공약수이다.

따라서 최대공약수를 소인수분해 해서 약수의 개수를 구하면 됨.

$84 = 2^2 \times 3 \times 7$

공약수의 개수: $(2+1) \times (1+1) \times (1+1) = 12$

최대공약수의 응용

 4 선생님께서 성훈이네 반에 빵 85개와 우유 60병을 가지고 와서

똑같이 나눠주었는데, 빵은 1개가 남고 우유는 4개가 남았다.

성훈이네 반 학생은 모두 몇 명인가?

(단, 학생 1인당 빵 3개, 우유 2병씩을 받았다.)

정답 28명

학생 수에 맞는 정확한 개수: 빵   85-1=84(개)

우유 60-4=56(병)

두 수 56, 84의 최대공약수: $2^2 \times 7 = 28$

8 공배수와 최소공배수

학습 요점
- 공배수
- 서로소의 최소공배수
- 최소공배수의 응용
- 최소공배수의 뜻과 성질
- 최소공배수 구하는 방법

아리쓰매릭 성벽을 넘어라!

"우와! 저 아래 아리쓰매릭 성이 있다."

가장 먼저 산꼭대기에 올라간 병사가 뒤에 따라오는 일행들을 보며 속삭이듯 외쳤다.

"야아! 정말 대단한 성이다."

또 다른 병사도 자기도 모르게 외쳤다.

"모두 조용히 하라! 녀석들이 눈치 채면 절대 안 된다."

왕과 함께 뒤따라 올라온 이그노리가 병사들에게 주의를 줬다.

"으음! 저 성의 높이가 얼마나 될 것 같소?"

왕이 이그노리를 돌아보며 물었다.

"약 3m 정도? 그러니까 센티미터로 말씀드리면 족히 300cm쯤은 될 것 같사옵니다."

이그노리가 고개를 갸웃거리며 말했다.

"으음, 그렇다면 우리 병사들이 쉽게 넘기는 힘들 텐데…."

왕이 걱정스러워했다.

"걱정 마시옵소서! 폐하. 이럴 줄 알고 제가 병사들을 시켜 나무상자들을 준비해왔습니다. 나무상자를 성벽 밑에 쌓아놓고 병사들이 거기를 딛고 올라가면 되옵니다."

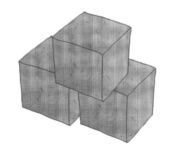

이그노리가 나무상자를 가리키며 말했다.

"저, 시종장님! 성벽 안쪽도 바깥처럼 똑같이 높을 텐데요? 성벽에 올라간 병사들이 거기에서 뛰어내리려면… 으~휴~"

한 병사가 겁에 질린 표정으로 말했다.

"그럼 성벽 안쪽에도 상자를 쌓아놓으면 되잖아!"

이그노리가 퉁명스럽게 말했다.

"저, 시종장님!"

"왜? 또!"

"그러면 성벽 안쪽에는 누가 상자를 가져다 쌓아놓죠?"

그 병사가 걱정스러운 표정으로 말했다.

"……"

갑자기 말문이 막힌 이그노리가 병사들을 돌아보았다.

"제가 밧줄을 타고 성벽을 넘어가서 기다리겠습니다. 그럼 성벽 너머로 상자를 던지십시오. 제가 상자들을 받아서 쌓아놓겠습니다."

특공대장인 카인이 선뜻 나서며 말했다.

"오, 그래. 우리 특공대장 카인이라면 잘 해낼 거야."

이그노리가 카인을 보며 만족스럽게 웃었다.

"저, 시종장님!"

"왜, 또 그러니?"

걱정스러움이 항상 많은 그 병사가 이그노리를 또 불렀다.

"우리가 언제 성벽을 넘어 들어갈 거죠? 지금요?"

"너, 바보냐? 좀 기다렸다가 깜깜한 밤이 되면 성벽을 넘어야지. 지금 성벽을 넘다가 아리쓰매릭 놈들에게 들킬 일 있냐?"

이그노리가 그 병사에게 면박을 주었다.

"저, 시종장님!"

"왜, 왜, 왜, 왜?"

"성벽 바깥과 성벽 안쪽의 높이가 다르면 깜깜한 밤이어서 병사들이 발을 헛디딜 수도 있을 텐데요! 그럼 너무 위험하지 않을까요?"

그 병사가 여전히 걱정스러워하는 표정으로 말했다.

"아이고, 이 멍청이! 상자를 쌓을 때 성벽 안쪽과 성벽 바깥쪽의 높이를 똑같게 하면 되잖아! 그러면 아무리 어두운 밤이라도 병사들이 쉽게 분간하고 안전하게 성벽을 넘을 수 있을 거라고. 이제 됐니?"

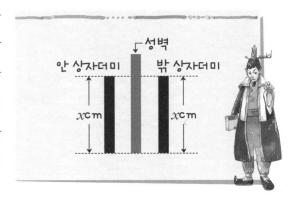

이그노리가 말을 마치고 막 돌아서려 했다.

"저, 시종장님!"

"왜, 왜, 왜 또? 뭐가 궁금한 것이 또 있는데?"

이그노리가 너무 짜증이 나서 우는 소리로 물었다.

"그런데 상자의 크기는 모두 같은 것들을 준비했나요? 특히 상자의 높이요."

"그건 또 무슨 뚱딴지같은 질문이냐? 30cm 높이인 상자 5개와 40cm 높이인 상자 4개를 가져왔다. 왜!"

"그럼 그 상자들을 섞어서 쌓을 건가요?"

"별 이상한 녀석 다 보겠네. 그런 걸 왜 물어! 성벽 안쪽에 있는 카인에게 던져줄려면 너 같으면 어떤 상자를 던져주겠니?"

"당연히 높이 30cm인 상자이겠지요. 그래야 좀 더 가벼워서 던져주기가 쉬울 테니까요. 아니 그것도 모르세요?"

그 병사가 한심하다는 듯이 이그노리를 쳐다보았다.

"허허허! 그만두자, 그만둬. 어서 성벽을 넘어서 공주님을 구하러 갈 준비나 하자.”

“저, 시종장님!”

“아휴~ 또 궁금한 게 남았냐?”

“그럼 성벽 안쪽에서 카인이 높이 30cm인 상자 몇 개를 쌓고, 우리들은
성벽 밖에서 높이 40cm인 상자 몇 개를 쌓아야 성벽 안쪽과 바깥쪽이 같
은 높이가 되죠?”

“그야…, 음, 응?”

이그노리가 순간 당황해서 어쩔 줄 몰랐다.

“멍청하긴! 그까짓 거 가지고 당황해? 그야 같은 수를 계속 쌓
아나가는 거니까 배수일 거고, 두 수의 배수를 각각 계속 만들어
나가다가 보면 같은 배수가 되는 때가 있겠지. 그럼 그게 같은 높
이가 아니겠어?”

“네가 뭘 안다고 그래! 새 주제에….”

이그노리가 홱 돌아서며 까삐를 쏘아보았다.

“아니야, 아니야! 시종장, 침착하라고. 내 생각에 그 말만큼은 까삐가
정말 옳은 거 같소.”

왕이 까삐를 두둔하고 나섰다.

“저도 까삐와 같은 생각인데요.
이 문제는 우리가 꼭 해결해야 할
중요한 문제인 것 같아요. 그래서
여기에 30과 40의 배수들을 적어
보았어요.”

30의 배수: 30, 60, 90, 120,
　　　　　150, 180, 210, 240, …
40의 배수: 40, 80, 120, 160,
　　　　　200, 240, …

동수가 수첩에 적은 쪽지를 떼어 보여주며 말했다.

"아하! 시종장, 어서 글래스꼬를 불러오시오. 내가 보아하니 지난번처럼 그 유리판이 필요할 것 같소."

왕이 무릎을 탁 치며 말했다.

잠시 후 글래스꼬가 왕 앞으로 불려왔다.

"그대는 수학고문이 만들어놓은 저 배수들을 그대가 가진 유리판에 적어 넣어 보거라!"

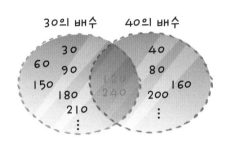

"예, 폐하."

글래스꼬는 대답을 마치자 동수가 적어 놓은 수첩쪽지를 보며 유리판에 배수들을 적기 시작했다.

"오호! 폐하! 폐하! 30과 40의 공통된 배수들이 보이옵니다."

이그노리가 머리를 조아리며 왕에게 말했다.

"아유~ 호들갑떨기는! 그리고 공통된 배수가 뭐야? **공-배-수**라고 해야지. 함께 공(共)자도 몰라? 한자를 넣어서 이름을 지으면 두 개 이상의 자연수에 함께 하는 배수라는 뜻을 간단하게 나타낼 수 있잖아!"

"뭐야! 이 주둥이만 살아 있는…."

"아니오! 시종장. 두 개 이상의 자연수에 공통이 되는 배수들을 공배수라고 부른다면 그건 아주 편리할 것 같소."

왕이 까삐를 두둔하자 이그노리는 더 이상 아무 말도 못 했다.

"저, 시종장님!"

궁금한 것이 많은 병사가 또 물었다.

"넌 또 시작이냐? 이번엔 왜?"

이그노리가 체념한 듯 퉁명스럽게 말했다.

"이제 공배수들을 찾았으니까 어떤 높이로 상자를 쌓을지, 몇 개씩 쌓을지 빨리 결정해야 하잖아요? 이제 점점 어두워지는데, 어서 서둘러야지요."

"그래, 그래. 그 말은 맞다. 우선 두개 이상의 자연수 사이의 가장 작은 배수를 찾아서 적당한 높이인지 확인해보고, 너무 낮으면 그 배수에 또 배수를 찾아보면 또 다시 같은 높이의 수를 찾을 수 있겠지. 그러다가 적당한 높이의 수를 찾으면 되지 않겠니?"

"먼저 **두 개 이상의 자연수 사이의 가장 작은 배수**를 찾아야 된다고? 그건 맞아! 그러나 계속 지적하는 말이지만 제발 공부 좀 하라고. 그땐 최소공배수라고 하는 거라고. 어때! 얼마나 좋은 이름이야. 가장 최(最), 작을 소(小)자를 써서 가장 작은 공배수, **최소공배수**라고 부르라고."

까삐가 눈을 지그시 아래로 깔고 점잖게 말했다.

"자, 그럼 여기에서 저 녀석 말대로 최소공배수는 뭐지?"

이그노리가 까삐를 흘겨보고는 다시 그 병사에게 물었다.

"음, 여기서 가장 작은 공배수는… 아! 120이네요. 그러니까 120이 30과 40 사이의 최소공배수라는 거네요?"

"그렇지. 그 다음의 공배수는 그 120의 배수일 테니까 240이고, 물론 그 수는 저 글래스꼬의 유리판에도 있지만 말이야."

"또 그담 공배수는 최소공배수인 120에 3을 곱하면 360이겠네요?"

"그렇지. 그러니까 우선 최소공배수만 구해보면 두 수 이상 사이의 공배수들을 찾는 것은 어려운 일이 아니지."

이그노리가 점잔을 빼며 의젓하게 말했다.

"오호! 그럼 두 수 이상 자연수들의 공배수는 모두 그 수들 사이의 최소공배수의 배수라고 해도 되겠구먼?"

"폐하! 정말 대단한 발견이시옵니다. 30과 40 사이의 공배수만 생각해 봐도 그들의 공배수 120, 240, 360, … 등은 모두 그들 사이의 최소공배수인 120의 배수들이거든요."

이그노리가 연신 허리를 굽히며 아첨 섞인 말을 했다.

"어? 이건 두 수 이상이 언젠가 만나는 것을 알아보기 위한 것이라면, 여러 상황에서 응용할 수 있을 거 같아요. 가령 '내가 일요일 아침에 우리 동네 만석공원 호수 가를 엄마와 걸을 때 엄마는 한 바퀴 도는 데 20분 걸리고 나는 한 바퀴 도는 데 12분 걸리는데, 엄마와 내가 오전 7시에 출발했다면 몇 시에 처음으로 다시 만날 수 있을까?' 하는 문제요."

동수가 호기심 가득한 눈으로 말했다.

"그래, 그래. 그런 문제들도 해결할 수 있겠지. 그렇지만 지금 중요한 일은 공주님을 구하는 거잖아. 어서 저 성벽을 넘어가는 거라고."

이그노리가 짜증내며 재촉했다.

"그러니까 성벽 안쪽과 바깥쪽에 상자들을 몇 개씩 쌓아야 되냐고 내가 물었잖아요!"

걱정 많은 병사가 이그노리를 보며 소리쳤다.

"어? 너 나에게 감히 큰소리치는 거야!"

"아, 아니, 그, 그게 아니라…."

걱정 많은 병사가 자기도 모르게 소리쳐놓고는 당황했다.

"높이가 120cm일 때 우선 성벽의 안쪽과 바깥쪽의 높이가 같으니까 이 때는 성벽 안쪽에서는 30cm 상자가 4개 필요할 것 같아요. 120 나누기 30 해서요. 그리고 성벽 바깥쪽에서는 40cm 상자 3개가 필요하고요. 120 나누기 40 해야 되니까요."

동수가 끼어들어 말했다.

"성벽 안팎의 높이가 같아지는 수가 더 있잖아!"

"240cm요?"

"그래! 그건 더 높으니까 담을 넘을 때 더 편리할 거 아니냐!"

이그노리가 동수를 똑바로 쳐다보며 따졌다.

"에이~ 시종장님도. 답답하시기는…."

걱정 많은 병사가 끼어들었다.

"뭐야? 저놈이 정말!"

"30cm 상자는 5개, 그리고 40cm 상자는 4개밖에 가져오지 않았다면서요. 아까 저한테 분명히 그랬잖아요? 그런데 240cm까지 쌓으려면 30cm 상자가 8개나 필요하다고요. 그리고 40cm 상자는 6개가 필요하고요. 그러니 그게 말이나 돼요? 그리고 상자가 충분히 있다고 해도 그렇지. 240cm는 너무 높다고요."

"그건 저 걱정 많은 병사 말이 옳아! 240cm는 병사들이 딛고 올라가기에는 너무 높을 거라고."

왕이 말했다.

"폐하, 폐하! 이것 좀 보세요. 30과 40을 각각 소인수분해 한 다음에 지수가 큰 것들을 선택해보았어요. 그리고 그것들을 곱해보았더니 최소공배수를 쉽게 구할 수 있는 방법을 발견했어요."

동수가 종이쪽지에 뭔가 적다가 뛰어오며 소리쳤다.

"오호라! 그러니까 먼저 각각의 자연수를 소인수분해 한다는 거지? 그리고 그 소인수들 중에서 지수가 큰 인수들을 선택해서

$$30 = 2 \times 3 \times 5$$
$$40 = 2^3 \times 5$$
$$최소공배수 = 2^3 \times 3 \times 5 = 120$$

30과 40에 있는 소인수 중 지수가 큰 것들을 선택한다. 같으면 하나만.

모든 인수들을 곱한다는 거고? 물론 이 종이쪽지에 있는 5처럼 지수가 같은 것이 두 개 이상 있으면 그 중 하나만 곱하면 되고, 또 3처럼 두 자연수 중에 한쪽에만 있는 수는 그 수를 그냥 곱하면 되고 말이지?"

"그렇습니다. 폐하."

동수가 고개를 크게 끄덕이며 대답했다.

"그런데 소인수분해는 어떤 방법으로 했는데?"

이그노리가 빈정대는 말투로 물었다.

"그야, 나눗셈 방법으로…."

"그럴 줄 알았어. 야! 디바이저, 이리와 봐!"

이그노리가 성벽 앞에서 상자를 밟고 성벽을 넘는 훈련을 하고 있던 디바이저를 불렀다.

"왜 그러시죠? 시종장님."

"너, 이 종이쪽지 좀 봐! 이거 수학고문이 적어놓은 거거든. 최소공배수를 쉽게 구하는 방법이라고 잘난 체를 하고 있어."

"어? 정말 간단하고 쉬운 방법인데요? 따로 배수를 구해 글래스꼬의 유리판에 그려서 겹쳐보고, 그렇게 해야 최소공배수를 구할 수 있었잖아요. 그런데…."

"됐고! 수학고문인지 뭔지, 저 녀석 칭찬이나 하라고 너를 부른 것이 아니야! 너는 나눗셈을 잘 하니까 저 방법보다 더 쉽게 최소공배수를 구하는 방법을 찾아보란 말이야. 수학고문 동수도 어차피 나눗셈 방식으로 소인수분해를 해서 저 방법을 사용했으니까 말이야."

이그노리는 디바이저가 하던 말도 자르고 윽박질렀다.

"디바이저 아저씨, 한번 시종장님 말대로 나눗셈 방식으로 최소공배수를 구해보세요. 나도 궁금해요. 자 필요하면 이거 한 장 드릴게요."

동수가 수첩 한 장을 찢어서 디바이저에게 주면서 말했다.

"자신 없지만 최대공약수 구할 때처럼 두 수를 나란히 놓고 공약수들로 나누어볼게요."

디바이저는 동수가 준 수첩쪽지에 열심히 적으면서 계산했다.

"어허! 이건 정말 동수가 최소공배수를 구하기 위해 소인수분해를 이용하던 방법보다도 더 간단하군. 따로 각각 소인수분해할 필요도 없으니까 말이야."

$$최소공배수 = 2 \times 5 \times 3 \times 4 = 120$$

나눈 인수와 마지막 몫을 모두 곱한다.

왕이 감탄하는 모습으로 말했다.

"봤지? 이게 정말 쉬운 방법이라고! 어디다 그런 하찮은 방법으로 자랑하려고 그래?"

이그노리가 동수 쪽을 보고는 비웃는 말을 하며 히죽거렸다.

"두 개 이상의 자연수의 최소공배수를 구하려 할 때에 이미 소인수분해가 되어 있다면 동수가 생각해낸 방법이 더 간편할 것이라는 생각이 든다. 그러나 그냥 두 개 이상의 자연수만 있고 그들의 최소공배수를 구해야 한다면 디바이저가 방금 만들어낸 나눗셈을 이용한 방법이 더 쉬울 것 같구나."

왕이 두 방법의 차이를 정확하게 정리해주었다.

"저, 시종장님!"

궁금한 것이 많은 병사가 또 이그노리를 불렀다.

"뭐야? 이번이 마지막이야. 다음엔 절대 대답 안 해. 말해!"

"**서로소** 있잖아요?"

"그래! 2와 3, 3과 4 등 1 이외에는 공약수가 없는 수들…."

"맞아요. 공약수가 없는 수들이요. 그럼 그런 서로소들은 공배수도 없나요?"

"너, 지금 날 놀리는 거냐? 아니면 정말 궁금해서 묻는 거냐?"

"아유~ 시종장님을 놀리기는요. 궁금해서 지요."

궁금한 것이 많은 병사가 손사래를 치며 말했다.

"두 자연수가 서로소일 때 그들의 최소공배수는 그냥 그 두 자연수를 곱하면 되잖아! 자, 그렇다면 3과 4의 최소공배수는 얼마겠니?"

"아니, 그것도 모르세요? 그야 12지요. 3×4=12요!"

"……"

이그노리는 그 병사를 쏘아볼 뿐 아무 말도 하지 못했다.

"어서 던져!"

성벽 안쪽으로 넘어간 카인이 조용히 소리쳤다.

"그래, 잘 받아! 에잇!"

성벽 바깥쪽에 있는 병사들이 카인에게 상자를 던지고 성벽 바깥쪽에도 열심히 상자들을 쌓았다.

잠시 후 쌓아놓은 상자들을 밟고 병사들이 하나하나 조심스럽게 성벽을 넘었다.

쉿! 엎드려!
맨 앞서 있던 병사가 갑자기 작은 소리로 말했다.

"앗싸라 비야!"
성문을 지키는 병사가 암호를 물었다.
"삐약 삐약!"
순찰을 도는 대장이 대답했다.

"충성!"
"오, 그래 별일 없지?"
"넷! 개미 한 마리도 없습니다."
"난 잡아온 앨리스 공주가 잘 있는지 확인하고 다시 올 테니까 성문을 계속 잘 지키도록 해!"
"넷! 알았습니다. 대장님."
매쓰매릭 병사들은 어둠속에서 바짝 엎드려서 아리쓰매릭 병사들의 대화를 숨죽여 듣고 있었다. 잠시 후 성문을 지키는 병사는 성문 쪽으로 걸어가고 그 대장이라는 자는 어디론가 바삐 걸어가고 있었다.
"어서 저자를 쫓아가자! 저자가 공주님이 갇혀 있는 곳으로 간다고 했잖아!"

이그노리가 조용히 말했다.

"시종장님! 여러 사람이 이동하면 들키기 쉬울 거 같아요. 다행히 공주님이 있는 곳을 빨리 알 수 있게 되었으니 저 혼자 가서 공주님을 데리고 올게요. 시종장님은 폐하를 모시고 성문 근처에서 기다리세요."

동수가 속삭이듯 조용히 말했다.

"무슨 소리야! 너를 어떻게 믿고…."

"암호까지 알고 있으니 문제없어요. '앗싸라 비야!' 하면 '삐약 삐약!' 하고 대답하면 되니까요."

"'앗싸라 비야!'와 '삐약 삐약!'이 무슨 뜻인지나 알아?"

이그노리가 퉁명스럽게 말했다.

"글쎄 저도 모르지만 그렇게 대답해야 의심받지 않죠."

"그래서 안 돼. 별로 아는 것이 없는 너 혼자만 보낼 순 없어!"

이그노리가 계속 고집을 부렸다.

"아니야! 수학고문의 말이 옳아. 싸움을 하지 않고 공주를 구할 수만 있다면 그게 최고야. 우리는 성문 근처에 숨어 있다가 동수가 혹시 실패하면 그때 총공격하도록 하자고."

왕이 단호히 결정했다.

"앗싸라 비야!"

대장이라는 자가 어떤 집 앞에 도착하자 그곳을 지키던 병사가 날카롭게 암호를 외쳤다.

"삐약 삐약!"

대장이 암호로 대답했다.

동수는 숨죽이고 그 모습을 하나하나 지켜보고 있었다.

"충성! 공주는 잘 있습니다."

"그래, 수고한다. 계속 잘 지키고 있어라!"

대장이 순찰을 마치고 돌아갔다.

동수는 잠시 더 숨어 있다가 당당한 태도로 걸어가서 집을 지키는 병사 앞에 섰다.

"앗싸라 비야!"

"비! …아니, 삐약 삐약!"

"어? 너는 누구냐? 금방 대장께서 다녀가셨는데…. 왜 또?"

"삐따꾸로스 시종장님의 심부름으로 공주를 데리러 왔소."

"뭐? 시종장님의 심부름…?"

삐따꾸로스라는 말에 그 병사는 자세를 고치며 긴장했다. 그리고는 이유도 묻지 않고 바로 공주를 데리고나왔다.

"아니? 넌…!"

"입 닥치고 어서 나와."

공주가 깜짝 놀라며 뭔가 말하려고 하자 동수가 눈짓으로 주의를 주었다. 그리고는 호통을 치며 공주를 끌고나왔다.

"여자에게 너무 심하게 대하지는 말게!"

집지키는 병사가 동수의 등 뒤에 대고 한마디 했다.

"앨리스! 이리로…."

"아니? 어떻게 된 거야!"

"저 성문 근처에 폐하도 계셔. 어서 가자고."

동수는 공주를 데리고 일행이 숨어 있는 성문 근처로 갔다.

"공주야! 고생했다."

왕은 공주를 보자마자 눈물을 흘렸다.

"흑흑흑! 아바마마!"

공주도 왕의 품에 안겨 참았던 울음을 터트렸다.

"이제 어떻게 여기를 벗어나지?"

왕이 말했다.

"제게 생각이 있어요. 폐하, 폐하께서도 병사의 옷으로 갈아입으시죠. 그리고 앨리스 공주도 병사 옷으로 갈아입어. 그리고 모두들 당당하게 저를 따라오세요."

동수는 당당하게 앞장서서 성문 앞까지 걸어갔다.

"아니? 저, 저 녀석이 돌았나?"

이그노리가 엉거주춤 동수의 뒤를 따라가며 혼잣말을 했다.

"앗싸라 비야!"

"삐약 삐약!"

성문을 지키는 병사의 암호질문에 동수가 당당하고 크게 소리치며 암호로 대답했다.

"어디를 가는 거지? 앗! 그 옷은 매쓰매릭 병사들의 옷?"

"우리는 매쓰매릭 왕국이 지금 어떻게 하고 있는지 살피러 가는 길이라고. 그래서 그 녀석들의 옷을 입은 거야. 우리가 지금 그 나라의 공주를 잡아놓고 있으니까 그 녀석들이 전쟁을 일으킬 수도 있잖아! 어서 성문이나 열라고!"

성문 지키는 병사가 주저하자 동수가 호통을 치며 다그쳤다.

"알았어, 알았어! 조심해서 다녀와!"

160

성문 지키는 병사가 성문을 활짝 열어주었다.

와! 와! 와!

따가 닥! 따가 닥! 따가 닥!

"어서 녀석들을 쫓아라!"

"절대 놓치지 말라!"

뒤늦게 공주가 없어진 것을 알아차린 아리쓰매릭 병사들이 함성을 지르며 쫓아왔다.

"어서 뛰어라!"

이그노리가 병사들을 돌아보며 큰소리로 외쳤다.

"조금만 더 가면 우리 왕국이다! 조금만 더 힘내자!"

병사들도 서로 격려하며 매쓰매릭 왕국을 향해서 달렸다.

"으악! 살려주세요!"

달려가던 동수의 발에 이상한 칡넝쿨이 걸렸다.

"좀 도와줘! 살려줘! 여기요!"

"어서 달려가자!

좀 더 힘을 내자!

이제 조금만 더 가면 우리 왕국이다! ……"

매쓰매릭 병사들은 점점 멀어져갔다. 동수가 목청껏 외쳐보았지만 소용없었다. 그 사이 칡넝쿨은 점점 발목을 조여 왔다.

"나 좀 도와주란 말이야!"

"동수야! 동수야! 어서 일어나!"

"**나 좀**… 어, 엉? 여기가 어디야. 엄마?"

"호호호! 또 꿈을 꿨구나. 어서 아침밥 먹고 학교에 가야지."

엄마가 웃으며 다시 주방 쪽으로 갔다.

"으 휴~ 꿈이었구나!"

동수는 혼잣말을 하며 잠자리에서 일어났다.

공배수·최소공배수는 무엇이고 언제 필요한 거지?

공배수는 두 개 이상의 자연수의 배수들 중에서
공통인 배수를 말하는 거야.

자연수 2와 3의 배수를 비교해볼까?

2의 배수는 2, 4, 6, 8, 10, 12, 14, 16, 18, …

3의 배수는 3, 6, 9, 12, 15, 18, 21, 24, ….

6, 12, 18 등이 두 자연수 2와 3에 공통으로 있는 공배수들이야.

이 두 수의 수많은 공배수 중에 가장 작은 것은 6임을 알 수 있어.

6처럼 이렇게 공배수 중에 가장 작은 것을 **최소공배수**라고 하지.

최소공배수는 언제 필요할까?

출발시간이 다른 버스가 동시에 출발한 후 몇 분 후에 또 다시 동시에 출발
할 수 있을지 알아볼 때 이용할 수 있어.

버스 두 대 중 한 대는 12분마다 출발하고 다른 한 대는 20분마다 출발한다
면, 두 대가 동시에 출발한 후 다음에 다시 동시에 출발하려면
몇 분 후가 될까?

최소공배수를 구하는 쉬운 방법 2가지를 소개할게.

소인수분해 이용법

$12 = 2^2 \times 3$

$20 = 2^2 \times 5$

최소공배수 $= 2^2 \times 3 \times 5 = 60$

12와 20에 있는 소인수 중 지수가
가장 큰 것들을 선택한다. 같으면 하나만.

공약수로 나누어 구하는 법

$$
\begin{array}{r|rr}
2 & 12 & 20 \\
2 & 6 & 10 \\
\hline
 & 3 & 5
\end{array}
$$

나눈 인수와
마지막 몫을
모두 곱한다.

최소공배수 $= 2^2 \times 3 \times 5 = 60$

주어진 수가 소인수분해 모양일 땐 앞의 방법을 따르고
그 이외엔 오른쪽의 공약수로 나누어 구하는 법을 이용하면 된단다.

동수네반 쪽지 시험

최소공배수 구하기

다음 수들의 최소공배수를 구하라.

(1) $2^0 \times 3 \times 5$와 $2 \times 3^2 \times 7$

(2) 40과 60 그리고 70

정답 (1) 630   (2) 840

(1) 최소공배수

▶모든 인수를 곱하되 지수가 큰 쪽을 택함
(지수가 같으면 그대로 곱함)
$2 \times 3^2 \times 5 \times 7 = 630$

(2) 최소공배수

▶$2 \times 5 \times 2 \times 2 \times 3 \times 7 = 840$

```
2 ) 40   60   70
5 ) 20   30   35
2 )  4    6    7
     2    3    7
```

※세 수의 공약수가 없으면 두 수의
공약수만 나눔.
공약수가 없는 수는 7처럼 그대로 내림

최대공약수와 최소공배수의
나눗셈법 비교

세 수 40, 60, 80의 최대공약수와 최소공배수를 구하라.

정답 최대공약수: $2 \times 2 \times 5 = 20$

최소공배수: $2 \times 2 \times 5 \times 2 \times 1 \times 3 \times 2 = 240$

```
2 ) 40   60   80
2 ) 20   30   40
5 ) 10   15   20
2 )  2    3    4
     1    3    2
```

• **최대공약수**는 세 수 모두의 공약수가 있을 때까지만 나누고
나눈 수를 곱하여 구한다.

• **최소공배수**는 세 수 중 두 수의 공약수만 있어도 나눈다.
(공약수가 없는 수는 그대로 아래로 내림)
모든 나눈 수와 마지막 몫까지 모두 곱한다.

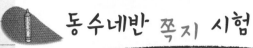
최소공배수의 응용

3

　칠흑같이 어두운 밤 우리의 맹호부대가 적진을 응시하고 있다. 순간, 녹색 조명탄과 붉은색 조명탄이 동시에 하늘 높이 솟구쳐서 적진을 대낮같이 환하게 비췄다. 그래도 우리 병사들은 꼼짝하지 않고 엎드려 적진을 노려보고만 있었다.
　잠시 후 녹색 조명탄이 9초 동안 비추다가 떨어지고 3초 후에 다시 하늘로 쏘아졌다. 붉은색 조명탄은 17초 동안 비추다가 떨어지고 역시 3초 후에 다시 하늘로 쏘아졌다.
　번갈아 같은 간격으로 쏘아 올려지던 두 종류의 조명탄이 또 다시 동시에 하늘로 솟구치자 우리의 용감한 용사들은 일제히 적진을 향해 돌진했다.

녹색과 붉은색 조명탄이 처음 동시에 쏘아진 후 다시 동시에 쏘아져서 우리 용사들이 돌진하기까지 기다린 시간을 알아내보아라.

정답 60초

녹색 조명탄은 12초, 붉은색 조명탄은 20초
간격으로 다시 켜짐.
따라서 12와 20의 최소공배수를 구하면 됨.
최소공배수: 2×2×3×5=60
처음 동시에 조명탄이 쏘아진 후 60초 후에 용사들이 공격함.

$$
\begin{array}{r|ll}
2 & 12 & 20 \\
2 & 6 & 10 \\
\hline
 & 3 & 5
\end{array}
$$

최대공약수와
최소공배수의 결합

4

자연수 15와 □의 공약수 중 가장 큰 수는 3이라고 한다. 그런데 두 수의 공배수 중 가장 작은 수는 120이라고도 한다. 그렇다면 이것으로 □안에 들어갈 수를 알 수 있을까?

정답 24

15와 □의 최대공약수가 3이므로 15는 5의 배수.
그리고 □는 ★의 배수. 최소공배수가 120이라고 했으니까
★를 구하면, 120=3×5×★에서
★는 8. 따라서 □=3×8=24

$$
\begin{array}{r|ll}
3 & 15 & \square \\
\hline
 & 5 & ★
\end{array}
$$

최대공약수와 최소공배수 문제 해답

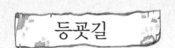

등굣길

"동수야! 같이 가자."

"응? 아, 서현이구나."

등굣길에서 서현이와 동수는 함께 만나 걸어가고 있었다.

"너, 어제 우리들이 차를 기다릴 때 왜 60분 동안 기다리게 되었는지 알아냈니? 난 계속 생각해보았거든. 그런데 도저히 모르겠더라고."

서현이가 울상을 지으며 말했다.

"헤헤헤! 아, 그거? 간단하더라고."

"어! 그 문제를 해결했단 말이야? 어떻게? 와~ 대단하다."

"12분마다 출발하는 92번 버스와 20분마다 출발하는 112번 버스가 오후 3시에 동시에 출발했었잖아? 우리들이 도착했을 때 함께 떠나가고 있었으니까."

"그랬었지."

"그런 문제는 최소공배수를 알면 쉽게 해결할 수 있어. 12의 배수와 20의 배수가 처음 같아지는 수를 구하면 돼. 12분마다 출발하는 92번 버스가 5번째 올 때와 20분마다 출발하는 112번 버스가 3번째 올 때 같이

166

만나게 되는 거지. 그게 바로 60분이야. 그러니까 오후 3시에 같이 출발했던 차들이 오후 4시에 또 다시 함께 출발하게 되었던 거지."

"야아~ 정말 그러네.. 너 정말 대단하다."

"최소공배수로 이 문제를 푸는 과정이야. 내가 네게 주려고 여기에 잘 적어놓았어. 자!"

동수는 수첩 종이쪽지에 적은 것을 서현이에게 주었다.

"어? 저기….."

"타일 붙이는 아저씨다. 와! 벌써 일을 시작하셨네."

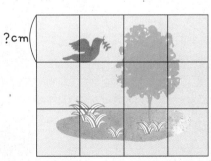

$$
\begin{array}{r|cc}
2 & 12 & 20 \\
2 & 6 & 10 \\
\hline
& 3 & 5
\end{array}
$$

나눈 인수와 마지막 몫을 모두 곱한다.

최소공배수 = $2^2 \times 3 \times 5 = 60$

"안녕하셨어요? 아저씨."

"안녕하셨어요? 아저씨들은 굉장히 부지런하시네요."

서현이를 따라 동수도 아저씨에게 인사를 했다.

"오! 너희들 학교에 가는구나."

아저씨도 반갑게 인사를 받아주셨다.

"아저씨 타일을 빈틈없이 붙일 수 있는 크기를 알아냈어요. 가능한 한 큰 정사각형으로요."

"어? 너 그것도 알아냈니? 와아!"

동수의 말에 곁에 있던 서현이가 깜짝 놀라서 쳐다보았다.

"아무튼 한 변의 길이를 100cm로 하면 될 거 같아요."

"오호, 그럼 가로는 400cm이니까 4장 붙이면… 어? 정말 빈틈이 없겠네. 그럼 세로도 볼까. 세로는 900cm이니까 음, 9장 붙이면… 오! 그래 빈틈이 없어. 야~ 너 이거 어떻게 알아냈니? 정말 대단하다."

"여기에 그거 알아낸 식을 적어놓았어요. 빈틈없이 정사각형으로 붙이려면 가로와 세로의 길이를 모두 나누어떨어지게 하는 수를 찾으면 되거든요. 그걸 공약수라고 해요. 그 중에 특히 가능한 한 큰 수를 찾으면 가능한 한 큰 타일이 되는데, 그게 바로 최대공약수죠."

$$
\begin{array}{r|rr}
2 & 400 & 900 \\
2 & 200 & 450 \\
5 & 100 & 225 \\
5 & 20 & 45 \\
\hline
& 4 & 9
\end{array}
$$

최대공약수 $= 2^2 \times 5^2 = 100$

놀라서 멍하니 있는 아저씨에게 동수가 종이쪽지를 건넸다.

"어? 동수야, 어서 빨리 가야 돼. 학교 늦겠어!"

서현이가 시계를 보며 말했다.

"응? 아, 맞다. 학교! 어서 가자."

동수와 서현이는 아저씨께 인사하고 뛰는 걸음으로 학교로 향했다.

정수와 유리수

제2편

좌충우돌
매쓰매릭 왕국
유람기

뉴스

"오늘 낮 인천 지하철 공사장 주변에서 도로에 구멍이 뚫리는 싱크홀 사고가 났습니다. 경찰은 오늘 오후 3시 19분께 인천시 서구 왕길동 개나리 아파트 앞 6차선 도로 한복판에 갑자기 큰 구멍이 뚫리는 싱크홀이 발생해서 인명피해까지…."

"싱크홀이 뭐예요?"

TV 뉴스를 보던 동수가 아버지께 물었다.

"음, 갑자기 땅에 커다란 구멍이 뚫리는 거란다."

"땅에 구멍이요?"

동수가 눈을 동그랗게 뜨고 물었다.

"그래, 들판이며, 마을, 지금 저 뉴스에 나오는 인천처럼 도심, 그 밖의 어느 곳이든 가리지 않고 세계 모든 곳에서 발생하지. 심지어 바다에도 싱크홀이 생긴단다."

"바다에도요?"

"그렇단다. 바다에 생기는 싱크홀은 특히 블루홀이라고 하지. 블루홀로 탐험하러 갔다가 많은 사람들이 희생되기도 한단다. 가장 유명한 블루홀로는 카리브 해에 있는 그레이드 블루홀이라고 하는 곳이 있단다."

"와! 정말 신기해요. 저도 한번 싱크홀과 블루홀들을 탐험해보고 싶어요."

"아유~ 너무 늦었다! 어서 가서 자. 내일 지각하지 말고."

부엌일을 마친 엄마가 안방으로 들어오며 말했다.

"어? 시간이 벌써…."

아빠가 시계를 쳐다보며 말했다.

"안녕히 주무셔요! 엄마, 아빠."

동수가 인사를 하고 잠자리로 갔다.

1 0(영)의 성질

학습 요점
- 0(영)의 의미
- 0(영)의 성질

파란 들판, 까삐와 함께 시원한 바람을 쐬며 동수가 누워 있다. 하늘에는 뭉게구름이 두둥실 떠서 어디론가 가고 있다.

바로 그때 들판이 마치 아기 요람처럼 흔들흔들 움직였다.

들판 한가운데 백일홍나무도 잠시 부르르 떨었다.

깜짝 놀란 동수는 자리에서 일어나 사방을 두리번거렸다.

백일홍나무 위에서 졸던 까삐도 깜짝 놀라 눈을 떴다.

까삐는 너무 졸린 듯 스르르 다시 눈을 감았다.

동수도 고개를 갸우뚱하며 다시 잔디밭에 누웠다.

이번엔 어디선가 천둥 소리가 들리는 듯했다.

그렇지만 맑고 파란 하늘에는 여전히 흰 구름 몇 점만이 두둥실 떠가고 있었다.

바로 그때.

우 르르르르ㄹㄹㄹㄹㄹㄹㄹㄹ…

쿵! 쿠 궁! 쿵!

으아악!

싱크홀이다!
"아얏! 으아아아아아악!"
"끼야아아아아아아아악!"

억울하게 의심받은 쎄일로

"어휴~ … 어? 여기가 어디?"
동수가 일어나 두리번거리며 혼잣말로 중얼거렸다.
푸득! 푸득!
"끼끽! 끼끽!"
바닥에 떨어진 채로 잠시 날개를 퍼덕이던 까삐도 괴로운 듯 잠시 신음
소리를 내더니 천천히 일어났다.
"여기가 어디지?"
동수가 까삐를 돌아보며 말했다.
"글쎄, 시장인 거 같은데….."
까삐가 약간 위로 날아오르며 말했다.

여기저기 사람들이 분주히 다니고 여러 가지 가게들이 즐비하게 늘어서
있었다. 그때 한 가게 앞에서 웅성거리며 다투는 소리가 들렸다.
동수는 자기도 모르게 천천히 그쪽으로 발길을 옮겼다.
"야! 솔직하게 말해. 몇 개나 빼돌렸어."
"정말이라니까! 모두 팔았어. 하나도 남지 않았단 말이야."

"왜 수첩에 남은 수를 적어놓지 않았느냐 말이야!"

"남은 것이 없는데 뭐라고 적어야 되는데?"

"남지 않았다는 것을 누구나 알 수 있는 수로 적어놓았어야지!"

"그런 수가 어디 있어? 자연수 중에 그런 수가 있단 말이야?"

"내가 알게 뭐야? 아무튼 이해할 수 있게 적어놓으란 말이야!"

몇 사람의 농부가 한 사람을 마구 몰아세우며 다그쳤다.

"무슨 일인데요?"

동수가 그들 사이에 끼어들며 말했다.

"아니! 수학도사 아니신가요? 마침 잘 왔소."

농부들에게 몰려 당황해하던 사람이 반갑게 말했다.

"저를 아시나요?"

"그럼요. 우리 왕국에서 수학도사를 모르는 사람이 있나요?"

"그럼 여긴 매쓰매릭 왕국? 우리가 또 매쓰매릭에…."

동수가 깜짝 놀라며 물었다.

"예, 맞아요. 여기는 매쓰매릭 왕국이고 나는 농부들이 맡긴 과일을 대신 팔아주는 쎄일로라는 사람입니다."

"아하! 그래서 여기에 이렇게 과일이 많이 쌓여 있군요."

동수가 과일 진열대를 보며 말했다.

"그런데 왜들 다투고 계셨지요?"

"아, 그게…."

"어머! 동수가 여기에 있었네!"

쎄일로가 무슨 말인가 하려고 할 때 뒤에서 동수를 아는 체하는 소리가

들렸다.

"어? 앨리스! 여긴 웬일이
야?"

동수가 뒤돌아보며 반갑게
말했다.

"응, 아바마마와 함께 구경
나왔어. 백성들이 어떻게 사는
지 여기저기 두루 보려고."

앨리스 공주가 뒤따라오고 있던 왕
일행을 가리키며 말했다.

"여 어~ 수학도사!"

왕이 동수를 보고 웃으며 소리쳤다.

"폐하, 안녕하셨습니까?"

동수가 정중히 허리 굽혀 인사했다.

"으흠, 또 만났군."

이그노리도 거만스런 표정으로 헛기침을 하며 말했다.

"안녕하셨어요. 시종장님"

동수가 반갑게 인사했다.

"저, 아까 하던 말…."

쎄일로가 동수를 보며 뭔가 다시 말하려고 했다.

"아참! 아까 왜들 다투고 있었는지 말하려고 했었지요?"

동수가 쎄일로를 다시 돌아보며 말했다.

"예, 그건 바로 골드애플 때문이거든요."

"골드애플이요? 과일 이름인가요?"

동수가 말했다.

"골드애플도 모르나? 골드애플은 황금색의 노란 사과인데, 정말 맛이 환상적이라고."

이그노리가 입맛을 다시며 말했다.

"와! 저도 골드애플 한번 먹어보고 싶어요. 그런데 그 골드애플이 어떤 거죠?"

동수가 진열대에 쌓여 있는 과일들을 둘러보며 말했다.

"모두 팔려서 남은 게 없어요. 그래서 다투고 있었거든요."

"그래서 다투다니요? 다 팔리면 좋은 거잖아요."

"그게…. 자, 이것 좀 봐요!"

쎄일로가 수첩을 내밀어 동수에게 보여주었다.

어제	오늘
받은 것 30개	받은 것 35개
팔은 것 25개	팔은 것 35개
남은 것 5개	남은 것 ?개

"이게 뭔데요? 이 수첩에 적혀 있는 것이 아저씨들이 다투고 있었던 이유와 무슨 관련이 있나요?"

"그래요. 그럼 이제 왜 다투게 되었는지 말할게요. 골드애플은 아주 값비싼 과일이지요. 그래서 몇 개나 팔고 몇 개나 남았는지 수첩에 기록해서 그날그날 매일 농부들에게 보여줘야 돼요. 그리고 팔다 남은 골드애플이 있다면 수첩에 적혀 있는 수대로 농부들에게 그날그날 되돌려줘야 해요. 그리고 다음 날은 새로 골드애플을 받아서 또 팔고요. 그런데 여기를 잘 보세요."

쎄일로가 수첩에 적힌 글씨를 가리키며 말을 이었다.

"어제까지는 항상 골드애플이 남아서 수첩에 그 남은 수를 적어 넣었지요."

"어제 남은 것 5개가 바로 그것이군요."

"맞아요. 자연수 중에서 수를 찾아서 적어 넣으니 전혀 문제가 없었어요. 그런데 오늘은 달랐어요. 농부들에게 받은 골드애플을 모두 팔았기 때문이지요. 남아 있는 것이 없어서 농부들에게 되돌려줘야 할 것도 없게 되었어요. 그래서 남아 있지 않다는 뜻의 수를 수첩에 적어야 되는데, 자연수 중에서는 도저히 그런 수를 찾을 수가 없었어요. 이런 일은 처음이거든요. 그래서 어떤 수를 적어 넣어야 할지 고민하다가 그냥 포기했거든요."

쎄일로가 심각한 표정으로 말했다.

"그냥 아무런 수도 적지 말고 비워두면 되지 뭘 고민해!"

이그노리가 대수롭지 않다는 투로 말했다.

"아니야! 아무 수도 적지 않고 빈칸으로 둔다면 쎄일로가 농부들에게 의심을 받을 수도 있겠어."

왕도 심각한 표정으로 말했다.

"맞아요. 바로 그래서 다투고 있었던 거라구요. 농부들은 내가 일부러 수를 적어놓지 않고 과일을 빼돌렸다고 의심하고 있거든요."

"저, 이런 때…. 그러니까 아무것도 없는 상태는 '0'로 나타내면 어떨까요? 그리고 이 수는 '영'이라고 읽고요."

동수가 약간 주저하며 말했다.

"어떤 근거로 그 이상한 모양을 수로 하자는 거지?"

이그노리가 얼굴을 붉히며 소리쳤다.

"달리 근거는 없어요. 그렇지만 '아무것도 없는 상태를 0이라고 나타내기로 약속'하자구요. 그렇게 하면 편리할 때가 많을 것 같아요. 그리고 영을 놓을 자리는 자연수가 시작되는 1 바로 전에 놓기로 해요. 한 개도 없다는 뜻이니 1보다 작아야 하니까요."

동수가 종이쪽지에 직선 모양을 그려 보이며 말했다.

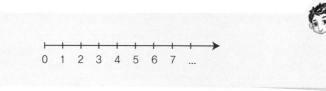

"아하! 그럼 오늘 골드애플이 모두 팔려서 남지 않았다는 뜻으로 영이라는 수를 적어놓아도 되겠습니까?"

어제	오늘
받은 것 30개	받은 것 35개
팔은 것 25개	팔은 것 35개
남은 것 5개	남은 것 0개

쎄일로가 수첩에 이미 0이라고 써넣고 왕에게 머리를 조아리며 말했다.

"음, 내 생각도 그렇게 하면 될 것 같은데…. 농부들 생각은?"

"폐하께서 그렇게 하라고 정해주시면 저희들도 모두 따릅지요."

농부들도 왕의 의견에 따르고 더 이상 다투지 않기로 했다.

"그래, 이제부턴 아무것도 없다는 뜻으로 0을 새로운 수로 사용하기로 정한다! 이렇게 하면 편리한 점이 많이 있을 거야. 안 그렇소?"

왕이 말하면서 이그노리를 돌아보며 물었다.

"하지만 폐하, 0은 쎄일로에게는 필요할지 모르지만 셈하는 데는 아무 필요도 없는 귀찮은 수이옵니다. 0은 없다는 뜻이니까 1+0=1이거든요. 10에 0을 더해도 마찬가지입니다. 10+0=10이니까요. 물론 그 밖의 어떤 수를 더해도 마찬가지이지요. 영은 더하나마나한 아주 쓸데없는 수이옵니다."

이그노리가 0은 필요 없다는 것을 말하려고 열심히 애썼다.

"영이 더하기에서는 필요 없을지 몰라도 빼기에서는 혹시 필요하지 않을까요?"

쎄일로가 급히 끼어들며 말했다. 혹시 왕이 이그노리의 말을 듣고 영을 다시 사용하지 말라고 할까봐 두려웠던 것이다.

"물론 빼기에서도 영은 전혀 필요 없는 수야. 이것 보라고. 1-0=1, 5-0=5, 100-0=100. 자, 0을 아무리 빼도 그냥 그대로란 말이야. 그러니 0은 전혀 필요 없는 수라고."

이그노리가 의기양양하게 말하며 쎄일로를 쳐다보았다. 쎄일로는 걱정스러운 듯 시무룩한 모습으로 0이 적혀 있는 자신의 수첩을 다시 들여다보았다.

"그렇지만 곱하기를 할 때는 영이 중요한 수가 될 것 같아요! 이것 좀 보세요. 7×1=7이라면, 이것은 7이 1개라는 뜻이지요. 그리고 7×2=14라면 7이 둘이어서 14라는 뜻이예요."

잠자코 지켜보던 공주가 나서며 말했다.

"아유~ 공주님도. 그런 건 누구나 다 아는 거지요."

곱하기라면 늘 자신 있다고 자랑하는 이그노리가 공주의 말에 끼어들면서 말했다.

"맞아요! 여기까지는 누구나 다 아는 거예요. 시종장님! 그럼 7이 하나도 없다는 뜻은 어떻게 나타낼까요?"

"그야 ….."

"그럴 때 바로 0을 사용하면 될 거예요. $7 \times 0 = 0$. '7이 하나도 없으면 그건 아무것도 없는 것이다'라는 뜻이지요."

공주가 이그노리를 보고 생긋 웃으며 말했다.

"맞아요, 맞아요! $3 \times 0 = 0$, $5 \times 0 = 0$, **어떤 수에 0을 곱해도 항상 0이 되는 것을 알 수 있어요.** 그러니 0은 우리 왕국에서 반드시 필요한 수라고요."

쎄일로가 펄쩍펄쩍 뛰며 좋아했다.

이그노리는 썩 마음이 내키지는 않았지만 0을 수로 인정하는 것을 더 이상 반대할 수 없었다.

"더하기, 빼기, 곱하기까지 살펴보았으니까 나눗셈도 한번 확인해보면 어떨까? 나눗셈에서도 0을 사용하면 곱셈에서처럼 편리한지 말이야. 재밌을 것 같은데."

왕이 동수를 보고 웃으며 말했다.

"나눗셈에도 0을 이용하면 편리할 것 같은데요. 가령 6을 2로 나누면 3이잖아요. $6 \div 2 = 3$이요. 이건 6을 둘에게 나눠주면 한 편이 3씩 갖게 된다는 뜻이지요. 그리고 $6 \div 1 = 6$이라면 6을 한 사람에게 모두 나누어준다는 뜻이예요."

"잘난 체하기는. 그런 것들은 누구나 아는 사실이란 말이야. 그걸 지금 이 중에 누가 모른다고 짜증나게 설명하려는 거지?"

동수가 말하고 있는 중에 이그노리가 퉁명스럽게 끼어들었다.

"물론 여기까지는 누구나 알고 있겠지요. 그런데 6÷0=0이 문제예요. 이건 6을 아무에게도 나누어주지 않았다는 뜻이 될 수 있을 거예요. 아무도 받은 사람이 없으니 0이지요."

"쳇! 아무에게도 나눠주지 않았다면 그냥 6이지 어째 0이라는 거지? 그러니 0으로 나눈다는 것은 말도 안 된다고! 물론 어차피 아무것도 없는 0을 몇 사람에게 나눠주든 그건 내가 알 바 아니지만 말이야."

이그노리가 동수의 말에 버럭 소리 지르며 말했다.

"오호, 그래, 그건 시종장의 말이 일리 있군."

왕도 이그노리의 말에 고개를 끄덕였다. 그리고는 신하에게 종이쪽지를 가져오게 해서 몇 가지를 정리해두고 앞으로 필요할 때는 0을 마음껏 사용하도록 허락했다.

> 6÷0=? → 말도 안 됨
> 0으론 어떤 수도 나눌 수 없다.
> 0÷6=0
> 0은 어떤 수로 나눠도 항상 0

184

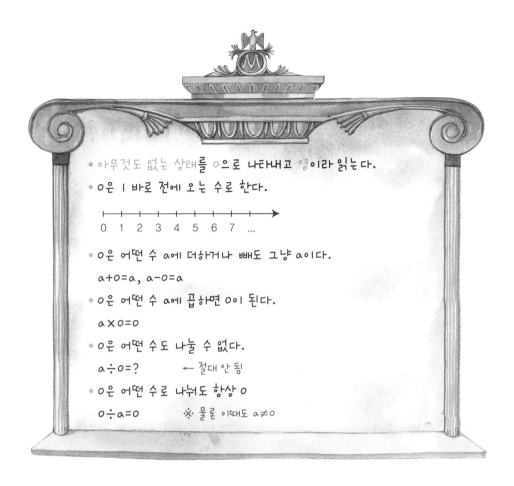

- 아무것도 없는 상태를 0으로 나타내고 영이라 읽는다.
- 0은 1 바로 전에 오는 수로 한다.

$$0 \quad 1 \quad 2 \quad 3 \quad 4 \quad 5 \quad 6 \quad 7 \quad \dots$$

- 0은 어떤 수 a에 더하거나 빼도 그냥 a이다.

  $a+0=a, \ a-0=a$
- 0은 어떤 수 a에 곱하면 0이 된다.

  $a \times 0 = 0$
- 0은 어떤 수도 나눌 수 없다.

  $a \div 0 = ?$　　← 절대 안 됨
- 0은 어떤 수로 나눠도 항상 0

  $0 \div a = 0$　　※ 물론 이때도 $a \neq 0$

"폐하! 정말 감사합니다. 이제부터 아무것도 남아 있지 않으면 언제든지 0을 사용할 수 있어서 매우 편리하게 되었사옵니다."

쎄일로가 연신 허리를 굽히며 말했다.

"백성들이 편리하다고 하니 짐도 매우 행복하도다."

왕도 웃으며 말했다.

"아바마마, 이제 다른 곳을 보러 가요. 동수도 같이 가자!"

공주는 동수의 대답을 기다릴 것도 없이 옷소매를 끌었다.

일행은 이것저것 구경을 하며 한참 길을 가고 있었다.

바로 그때.

"나는 절대로 양보할 수 없어!"

"그래도 내가 더⋯."

"그래도 뭐! 네가 뭐가 나보다 더 낫다는 거야!"

커다란 식당 앞에서 두 청년이 옥신각신 다투고 있었다.

그리고 그 옆에는 예쁜 젊은 여자와 그 여자의 아버지인 듯 나이 든 노인이 난처한 표정으로 서 있었다.

0(영)이 꼭 필요한 걸까?
0은 언제 사용할까?

수익 100에서 비용 100을 빼서 이익이 없다는 것을 어떤 수로 나타내지?

걱정하지 마. 바로 0이 있잖아!

100-100=0

0은 아무것도 **없다는 것**을 나타내는 수이니까.

삼과 삼십 그리고 삼백은 어떻게 구별해서 수로 나타낼 거야?

걱정하지 마. 바로 0이 있잖아!

3, 30, 300

0은 필요한 **빈자리**를 나타낼 수 있으니까.

로켓을 발사할 때 카운터 하는 것을 본 적 있니?

… 쓰리, 투, 원, 제로(0) 쾅!

제로, 즉 0에서 발사를 하지.

0은 **시작하는 원점**을 나타내는 수이거든.

어떤 지역이 날씨 30℃라면 그곳은 추울까 더울까?

알 수 없어!

영상인지 영하인지 먼저 앞에 나타내지 않았으니까.

0은 중간, 즉 **기준점**의 역할을 하거든.

이러니 세상에 0이 없었다면 정말 혼란스러웠을 거야.

그래서 말인데,

수학시험에서 0점 맞았다고 0을 너무 원망하진 말아라!

식당주인의 사위가 되려는 두 청년의 다툼

이그노리가 슬며시 노인에게 다가갔다.

"저들은 왜 저렇게 다투고 있는 거요?"

"휴우~ 그들 둘은 여기 있는 내 딸과 결혼해서 내 사위가 되고 싶어 하는 자들입지요. 그래서 저렇게 ….."

이그노리의 물음에 노인이 한숨을 쉬며 말했다.

"그런데 왜 다투는 것을 지켜만 보고 있는 거요? 어서 한 사람을 선택해서 누구를 사위로 삼을지 결정하면 될 것이 아니요? 저러다간 싸움만 더 커지겠소."

이그노리가 답답하다는 듯이 말했다.

"그게… 좀 곤란하게 되었습지요."

노인이 우물쭈물하며 말했다.

"뭐가 곤란하다는 거요?"

이그노리가 더욱 다가서며 물었다.

"사실 저들은 모두 우리 식당에서 오랫동안 일해온 청년들이랍니다. 그런데 이제 나도 나이가 들어서 식당을 더 이상 운영하기가 어려워졌습지요."

"아하! 그러니까 저 청년들 중 하나와 당신의 딸을 결혼시켜서 이 식당을 계속 운영하도록 하려는 거였군요?"

이그노리가 노인의 말을 가로채어 말했다.

"맞습니다. 청년들도 둘 다 내 딸을 좋아하고 내 딸도 저 청년들이 모두 싫지 않은 모양입니다. 그렇지만 어쩔 수 없이 한 사람만 선택해야 하니 내가 과제를 하나 냈었지요."

"무슨 과제요?"

이그노리가 다가서며 물었다.

"둘에게 우리 식당을 하루씩 직접 운영해보게 했습지요. 그래서 이익을 더 많이 내는 청년에게 앞으로 우리 식당을 운영하도록 하려 한 것이지요. 물론 그 청년을 내 사위로 삼을 작정이었고요. 푸우~. 그런데….."

"그런데 무엇이오? 뭐가 문제가 있단 말이요? 조금이라도 이익을 더 많이 낸 청년을 사위로 삼으면 되지 않겠소. 댁의 딸도 두 청년 중 누구도 싫어하지 않는다고 했으니 말이요."

이그노리가 너무 궁금한 나머지 다그쳐 물었다.

"이익을 낸 청년이 없기 때문에 고민이지요."

"아니! 식당에 손님이 한 사람도 없었단 말이요? 손님이 한 사람이라도 있었다면 조금이라도 이익을 낼 수 있었을 텐데."

"식당에 손님은 아주 많았습지요."

노인이 두 팔로 한 아름 크게 펼쳐 보이며 말했다.

"어? 왜…? 어떻게 식당을 운영했기에. 손님이 많은 데도 이익이 나지 않았단 말이오?"

"그게 저, 먼저 아니스또라는 청년에게 하루 동안 식당을 운영해보도록 했었지요. 저기 좀 순하게 생긴 청년 말이오. 아니스또는 하루 동안 50만원 어치의 음식을 팔았소이다. 그러니까 수익이 50만원이 생긴 것입지요."

노인이 손가락으로 한 청년을 가리키며 말했다.

"그럼 아니스또가 식당 운영을 잘한 것이 아니요? 하루에 50만원이나 수익을 냈으니 말이오. 그리고 그 수익에서 비용을 빼면 이익이 나왔을 것이아니요?"

이익=수익-비용

이그노리가 손가락으로 허공에 적어 보이며 말했다.

"그렇지만 비용이 51만원이나 되었습죠. 그래서….."

노인이 종이 한 장을 내보이며 말끝을 흐렸다.

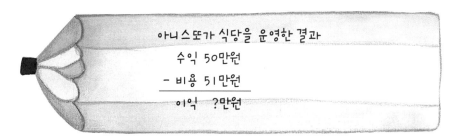

아니스또가 식당을 운영한 결과

수익 50만원

- 비용 51만원

이익   ?만원

"에이~ 이건 안 돼지. 50만원에서 51만원을 빼다니, 어떻게 작은 수에서 큰 수를 뺀단 말이오. 그렇게 해서 얻어질 수 있는 수는 이 세상에 어디에도 없소. 국왕 폐하께서 백성들이 사용하도록 허락하신 그 이상한 수 0 조차도 여기에는 절대로 쓸 수 없단 말이오. 아니, 폐하께서 이런 경우에 조차도 0을 사용하도록 허락하신다면 나는 목숨을 걸고 반대할 것이오."

이그노리가 고개를 가로저으며 단호하게 말했다.

"나도 그래서 이렇게 …."

노인이 시무룩한 표정으로 무슨 말을 하려다 말았다.

"그렇담 또 다른 청년은 어떻소?"

이그노리가 청년들이 다투는 쪽을 보면서 말했다.

"슬라이록이라는 청년인데, 바로 저기 '절대로 양보할 수 없다'고 크게 소리 지르고 있는 자요. 그는 더구나…."

노인이 뭔가 더 말하려고 하다가 그만뒀다.

"더구나? 무슨 말을 하려던 거요. 모두 말해보시오."

이그노리가 다그쳐 물었다.

"그도 음식 값으로 받은 총수익은 아니스또와 똑같았습지요. 그런데 비용이 훨씬 많이 들었다네요. 아마 아니스또보다 더 많은 손님을 모으려는 욕심으로 여기저기 알리러 다니느라고 많은 비용이 들었던 모양입니다."

"그렇담 보나마나 슬라이록도 이익은 내지 못했겠군. 어디 슬라이록이 적어놓은 것도 있으면 한번 보여주시오."

"여기 이거⋯."

노인이 시큰둥한 표정으로 종이쪽지를 내밀었다.

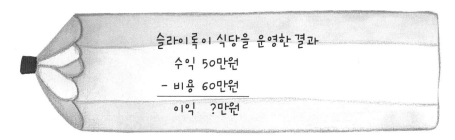

슬라이록이 식당을 운영한 결과
수익 50만원
－ 비용 60만원
이익   ?만원

"이건 아니스또보다 더 심하군. 50만원에서 60만원을 뺀다고? 다시 한 번 말하지만 이렇게 작은 수에서 큰 수를 빼서 얻을 수 있는 수는 어디도 없단 말이오. 그러니 결국 슬라이록이 아니스또보다 비용이 더 많이 들었다고는 하나, 결과는 같단 말이오. 둘 다 이익을 내지 못한 것은 마찬가지이니⋯."

"그렇지만 수익은 똑같이 얻었는데, 비용은 슬라이록이 훨씬 더 많이 들었잖아요! 그러니 그 둘이 같을 순 없죠."

동수가 끼어들어 말했다.

"뭐야? 두 사람 모두 이익이 없는 건 똑같잖아!"

이그노리가 동수를 획 돌아보며 말했다.

"그렇지만 슬라이록이 아니스또보다 더 많은 **손해**를 봤잖아요. 그런데도 아니스또와 슬라이록을 똑같이 평가한다면 그건 불공평해요."

동수가 또박또박 말했다.

"아니스또가 더 많은 손해를 봤다는 것은 어떻게 알 수 있지? 손해를 수로 나타낼 수 있어? 그런 수가 있으면 어디 말해봐!"

이그노리가 빈정거리는 투로 말했다.

"그야…."

동수가 할 말을 잊고 난처한 표정을 지었다.

"그렇담 손해를 나타낼 수 있는 수를 만들면 되잖아요?"

공주가 나서며 말했다.

"오! 그래, 아주 좋은 생각이야. 작은 수에서 큰 수를 뺀 결과를 나타낼 수 있는 수를 만들어보도록 하자. 가령 2에서 3을 뺏을 때 어떤 수로 할지 하는 것 말이야. 어때, 할 수 있겠니?"

왕이 식당 안쪽 응달에 서 있는 동수를 쳐다보며 말했다.

"저… 폐하. '아무것도 없는 0에서 **몇 더 뺀 수**'라고 하면 어떨까요?"

잠시 생각에 잠겼던 동수가 불쑥 말했다.

"그따위 이상한 말을 수로 하자고?"

이그노리가 끼어들며 퉁명스럽게 말했다.

"예, 시종장님. 예를 들면 2에서 보다 큰 수인 3을 뺄 수 없으니 먼저 2에서 2만 빼봐요. 그러면 0이 되잖아요? 아무것도 없다는 수요. 그런데 원래 3을 뺐어야 되니까 그 0에서 1을 한 번 더 빼요. 그러면 '아무것도 없는 0에서 하나 더 뺀 수'가 되잖아요. 그러니까 **그런 수를 손해를 나타내는 수로 하자는 거지요.**"

"이렇게 말한다고 내가 네 그 이상한 말을 '손해를 나타내는 수'로 인정하는 것은 아니지만, 그런 때는 간단하게 '0-1'이라고 나타내는 것이 더 숫자같이 보이지 않겠어?"

"오호! 그래. 동수의 의견도 좋지만 시종장이 숫자를 간단하게 정리해놓으니 훨씬 보기 좋군."

왕이 이그노리를 보고 만족한 듯 웃으며 말했다.

"폐하, 그렇다고 저 이상한 수를 손해를 나타내는 수로 절대 인정할 수는 없사옵니다. 아무튼 읽을 때 너무 불편하거든요."

이그노리가 손사래를 치며 소리쳤다.

"음, '아무것도 없는 0에서 몇 더 뺀 수'라는 것은 읽기에 너무 긴 말이기는 하군."

왕도 고개를 끄덕이며 이그노리의 말을 인정했다.

"제가 말하긴 했지만 사실 0-1이라고 나타내는 것도 숫자로는 여전히 너무 길어요."

이그노리는 왕에게 한마디 더 불평을 늘어놓았다.

"그럼 아예 0을 빼버리고 -1로 쓰면 되지. 그리고 읽을 땐 **음수 1**이라고 하면 되잖아."

갑자기 까삐가 끼어들며 말했다.

"하하하! 음수? 그건 또 무슨 웃기는 새털 같은 소리야?"

이그노리가 갑자기 크게 웃으며 말했다.

"바보같이! 응달 음(陰)! **음수**에서 음은 햇볕이 들지 않는다는 뜻의 응달을 말하는 거야."

까삐가 이그노리를 노려보며 말했다.

"응달의 뜻은 나도 이미 알고 있다고! 그렇지만 응달이 이 괴상한 수와

아무것도 없는 0에서 몇 더 뺀 수?

194

무슨 상관이 있다는 말이지?"

이그노리가 버럭 소리를 질렀다.

"동수가 식당 안쪽 응달에서 이런 수를 생각해냈잖아. 그래서 음수라고 이름을 붙이자는 거야. 그리고 사실 이런 손해를 나타내는 수는 세상에서 밝은 데 있는 떳떳한 수는 될 수 없잖아? 그러니까 이런 수들은 어두운 응달에 있는 수라는 뜻으로 음수라고 이름을 붙이는 것이 마땅해."

까삐가 눈을 지그시 내려깔고 말했다.

"큭! 큭! 큭! 그럼 밝은 데 있는 수도 있다는 거냐? 웃기는 소리 하고 있네."

이그노리가 빈정거리는 투로 기분 나쁘게 웃으며 말했다.

"왜 없어! 우리가 하나, 둘, 셋,… 하고 셀 수 있는 수들이 있잖아! 그런 수들은 햇빛 양(陽), **양수**라고 하자는 거야. 우리가 이미 떳떳하고 자연스럽게 쓰고 있는 수들이니까 말이야."

까삐가 이그노리를 노려보며 큰소리로 말했다.

"1, 2, 3,… 그런 수들을 말하는 거냐? 그런 수들은 **자연수**라고 하기로 이미 약속했잖아. 이 멍청한 새야!"

이그노리가 조롱하는 투로 말했다.

"물론 그런 수들을 자연수라고 하기로 한 건 나도 알고 있다고. 그렇지만 이름을 하나 더 붙여주면 또 어때? 쩨쩨하기는…."

까삐가 이그노리를 째려보며 말했다.

"하긴 나도 앨리스라는 이름이 있지만 동수 같은 남자와 구별해서 여자라고도 부를 수 있지. 그러니까 남자와 여자처럼 수도 양수와 음수로 구별해서 이름을 만들어주자는 거구나?"

공주가 까삐를 보고 방긋 웃어 보이며 말했다.

"바로 그 말이라고요. 공주님은 역시 저 멍청이 시종장님과는 다르시군요."

"뭐야!"

이그노리가 두 주먹을 불끈 쥐고 까삐를 노려보며 소리쳤다.

"그럼 이런 수를 손해를 나타내는 수로 완전히 결정하기 전에 좀 더 논리적으로 설명해볼 수 있겠는고?"

왕이 동수를 보며 말했다.

"예, 폐하. 2에서 보다 큰 수인 3을 뺀 수를 □라고 하면 □는 우리가 만들어내려는 수들 중의 하나가 될 거예요. 까삐가 아까 만든 이름을 쓴다면 □가 곧 음수가 되는 거지요. 즉 2-3=□요. 그럼 =를 중심으로 양쪽에 어떤 같은 수를 더해도 되겠지요?"

동수가 일행을 돌아보며 말했다. 이 의견에는 아무도 반대하지 않았다. 심지어 이그노리 조차도 고개를 끄덕였다. 동수는 이야기를 계속했다.

"3을 양쪽에 더해볼게요. 2-3+3=□+3. 자, 그러면 2=□+3이 되지요. 이번에는 양쪽에서 2를 빼볼게요. 괜찮지요?"

"지금 뭐하는 거지? 물론 =를 중심으로 양쪽에서 같은 수를 더하거나 빼도 상관이 없으니 양쪽에서 똑같이 2를 뺀다고 해서 잘못된 것은 아니지만, 왜 자꾸 쓸데없는 짓을 하려는 거지?"

이그노리가 버럭 소리 지르며 말했다.

"그럼 2-2=□+3-2이니까 정리하면 0=□+1이 되지요. 그럼 양쪽에서 또 한 번 1을 빼줘요. 0-1=□+1-1, 이렇게요."

이그노리의 말에도 아랑곳하지 않고 동수가 계속 말했다.

"그러니까 이것도 정리하면 0−1=□가 되겠네?"

공주가 끼어들어 말했다.

"그래, 이건 왼쪽과 오른쪽을 바꿔서 □=0−1로도 쓸 수 있지."

동수가 공주를 보며 웃으며 말했다.

"이건 뭐야! 그럼 2에서 3을 뺀 수 □가 0−1이라고?"

이그노리가 어이없다는 듯이 소리쳤다.

"맞아요. 시종장님. 아무것도 없는 수인 0에서 1을 뺀 모양이니 시종장님이 아까 말씀하셨던 0−1이 되었어요. 이때 0−1은 1이 손해라는 뜻이지요."

"그럼 0−2라고 되어 있으면 2만큼 손해라는 뜻이겠네?"

공주가 끼어들며 말했다.

"그래, 그래, 0 뒤에 있는 수가 커질수록 손해가 커지는 거지."

동수가 고개를 크게 끄덕이며 말했다.

"오! 그래. 그럼 이건 아무것도 없는 수인 0보다도 더 작은 수를 나타내는 아주 좋은 방법이 되겠구나."

왕이 큰소리로 말했다.

"그렇습니다. 폐하. 0−1, 0−2, 0−3, …. 그러니까 0− 뒤에 있는 수가 커질수록 손해가 더 크다는 것을 나타내는 거지요."

동수가 왕에게 자세히 설명했다.

"오호 참! 아까 까삐가 이땐 0을 빼고 그냥 −1, −2, −3 등으로 하고 음수 1, 음수 2, 음수 3 등으로 부르자고 했었지? 그게 좋겠군!"

"글쎄, 그렇다니까요! 당연히 그게 좋죠!"

까삐가 고개를 까딱까딱하며 말했다.

"저…. 그럼 이 음수라는 것을 이용하면 슬라이록과 아니스또 중에서 누구를 우리 사위로 삼을지 알 수 있다는 말인가요?"

노인이 조심스럽게 나서며 말했다.

"그럼은요. 이것 보셔요."

동수가 종이쪽지에 슬라이록과 아니스또가 식당을 운영한 결과를 계산하기 시작하며 말했다. 나머지 사람들은 동수가 앉아서 계산하고 있는 것을 둘러서서 보았다. 왕은 물론이고 심지어 이그노리까지도 내려다보고 있었다.

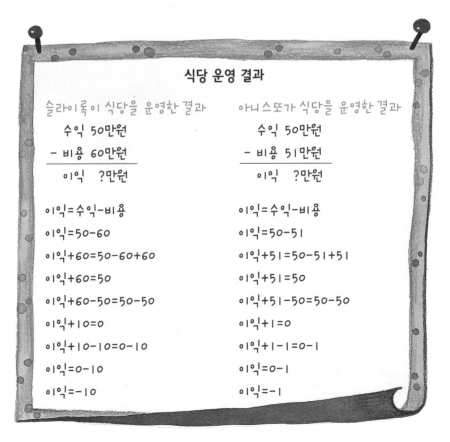

식당 운영 결과

슬라이록이 식당을 운영한 결과	아니스또가 식당을 운영한 결과
수익 50만원	수익 50만원
- 비용 60만원	- 비용 51만원
이익 ?만원	이익 ?만원
이익=수익-비용	이익=수익-비용
이익=50-60	이익=50-51
이익+60=50-60+60	이익+51=50-51+51
이익+60=50	이익+51=50
이익+60-50=50-50	이익+51-50=50-50
이익+10=0	이익+1=0
이익+10-10=0-10	이익+1-1=0-1
이익=0-10	이익=0-1
이익=-10	이익=-1

"응? 이익이 −10, −1로 나타났네! 그렇다면 이게 바로 음수 10, 음수 1 이란 말인가?"

노인이 눈을 동그랗게 뜨며 소리쳤다.

"그래요. 보신 것처럼 작은 수에서 큰 수를 뺄 수 없으니 등호(=)를 중심으로 양쪽에 같은 수를 더하기도 하고 같은 수를 빼기도 하면서 계산해보았어요. 그랬더니 모두 이익이 음수가 되었어요."

"그렇게 이익이 음수라면 그건 바로 손해라는 뜻이 아니냐?"

왕이 동수의 말에 끼어들며 물었다.

"그렇죠. 그러니까 슬라이록은 음식을 팔아서 10만원의 손해를 보았고 아니스또는 1만원의 손해를 보았다는 뜻이 되는 거죠."

"그렇담 아니스또가 장사를 더 잘한 거네? 손해가 더 적으니."

공주도 동수가 적어놓은 종이쪽지를 보며 한마디 했다.

"허허! 그럼 아니스또를 사위로 삼아야 되겠구려."

"예, 폐하. 그래야 되겠사옵니다."

왕의 말에 노인이 머리를 조아리며 말했다.

"음수라는 것을 만들어놓으니 참 편리하구나! 이제부터는 0보다 큰 수는 **양수**라 하고 수 앞에 +(플러스)를 붙여 나타내도록 하자. 그리고 0보다 작은 수는 **음수**라 하고 수 앞에 −(마이너스)를 붙여 나타내자."

왕이 여러 사람들을 둘러보며 큰소리로 말했다.

"폐하! 저는 도저히 그 음수라는 괴상한 수를 인정할 수 없습니다. 제가 그런 수는 이 세상에 없다는 것을 증명해보이겠습니다."

이그노리가 소리치며 왕 앞으로 나섰다.

0보다 큰 수는 양수, 0보다 작은 수는 음수라고 하자! 그리고 양수 앞에는 +(플러스)를 붙이고, 음수 앞에는 −(마이너스)를 붙이자!

양수 / 음수

이세상은 낮과 밤이 있지. 마찬가지로
수(數)에도 낮과 같이 밝은 수와 밤과 같이 어두운 수가 있단다.
우리가 알고 있는 자연수가 바로 밝은 수이지. 그래서 양수라고 한단다.
반대로 밤과 같이 어두운 수를 음수라고 해.

양수는 우리 느낌으로 좋은 것을 나타내거나, 원래 가던 방향을
나타내거나, 위쪽을 나타내거나, 증가하거나 늘어나는 것을 나타내거나
하는 등등에 사용한단다.

음수는 이와 반대를 나타낼 때 사용하는 수지. 즉 이익이 양수라면 손실은
음수, 위쪽이 양수라면 아래쪽은 음수, 일의 시작 후가 양수라면 시작 전은
음수, 동쪽이 양수라면 서쪽은 음수, 높은 쪽이 양수라면 낮은 쪽은 음수,
해수면보다 높은 곳이 양수라면 낮은 곳은 음수, 온도가 0도보다 높으면
양수 낮으면 음수. 이렇게 우리가 사는 세상에서 양수와 음수는 모두
필요하단다.

우리가 어떤 양을 나타내고 싶을 땐 먼저 기준을 정해둬.
그리고 기준보다 크면 양수로 하고 기준보다 작으면 음수로 하면
편리해. 우린 양수는 0보다 큰 수로 '+'로 나타내고 플러스라고 읽기로
했어. 근데 음수는 0보다 작은 수로 '-'로 나타내고 마이너스라고
읽기로 했지.

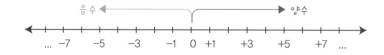

동수네반 쪽지 시험

1 다음 중 옳게 나타낸 것이 <u>아닌</u> 것은?

① 영상 5℃를 +5℃라고 하면, 영하 2℃는 −2℃이다.

② 로켓 발사 5초 전을 −5초라고 하면, 발사 2초 후는 +2초이다.

③ 수입 100원을 +100원이라고 하면, 지출 300원은 −300원이다.

④ 동쪽으로 10km를 +10km라고 하면, 서쪽으로 2km는 −2km이다.

⑤ 약속시간 5분 전에 도착한 것이 +5분이라면, 3분 늦은 것은 −3
분이다.

정답 ⑤

어떤 양을 나타내고 싶을 땐 먼저 기준을 정해두고 그 기준보다 크면 양수 '+'로 하고, 기
준보다 작으면 '−'로 한다.
⑤는 약속시간 전에 일찍 도착했으면 음수 −5분, 늦게 도착했으면 시간이 늘어났으므로
양수 +3으로 한다.

수직선에서 양수와 음수 나타내기

2 다음 □ 에 +, − 중 알맞은 부호를 넣어라.

··· □3 □2 □1 0 +2 □4 ···

정답 −3, −2, −1, +4

+2를 볼 때 기준점 0을 중심으로 수직선 오른쪽이 양수.
따라서 그 오른쪽에 있는 4는 +4, 기준점 0의 왼쪽에 있는 1, 2, 3은 모두 음수 −1, −2, −3
임을 알 수 있다.

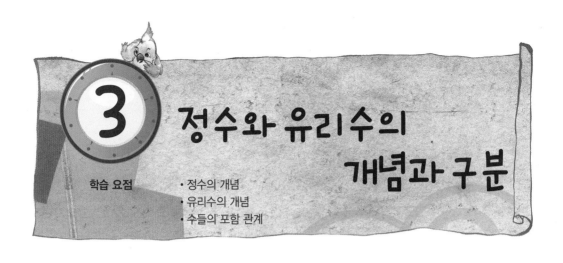

세상 모든 것을 다스릴 수 있는 수

"폐하, 제가 질문 하나 드려도 되겠사옵니까?"

"오, 뭐든 말해보시오."

이그노리의 말에 왕이 선뜻 말했다.

"제 호주머니에 귤이 5개 있었사옵니다."

"음, 그런데?"

왕이 호기심 가득한 눈으로 이그노리를 보며 물었다.

"폐하, 저는 10사람에게 그 귤을 한 개씩 나누어주었죠. 그렇다면 제 호주머니에는 귤이 몇 개가 남아 있을까-아-아요?"

"에이, 그걸 말이라고 하오? 시종장은 귤이 5개밖에 없었는데, 어떻게 10사람에게 한 개씩 나누어줄 수 있단 말이오. 시종장, 그대 호주머니는 요술 주머니라도 된다는 거요?"

"헤헤, 폐하, 혹시 제 호주머니에는 **마이너스 5개의 귤**이 남아 있지 않을까요?"

이그노리가 천연덕스럽게 왕에게 말했다.

"뭐라고? −5개의 귤이라고?"

"예, 폐하께서 작은 수에서 큰 수를 빼서 0보다 작은 수가 될 때에는 음수를 사용하라고 하셨잖아요?"

"하하하! 시종장도 참… 귤의 개수 따위를 셀 때는 그런 음수를 쓸 수 없다는 것은 어린아이도 알 것이구먼."

왕이 어이없다는 듯이 호탕하게 웃으며 말했다.

"하지만 폐하, 저는 제 호주머니에 −5개의 귤이 실제 남아 있기 전에는 절대 음수 같은 괴상한 수를 인정할 수 없사옵니다."

이그노리가 자세를 바로하며 단호한 표정으로 말했다.

"아휴~ 저 멍청이! 고집불통이!"

"뭐야! 저게 또…."

"들어보라고! 음수는 꼭 필요한 수이기는 하지만 양수, 즉 자연수처럼 사용하는 수는 아니란 말이야. 바구니에 들어 있는 과일을 센다거나 가게에 오는 손님들의 수를 셀 때 등에는 자연수나 0만 사용될 수 있다고. 음수는 비용이 수익보다 더 커서 손해가 되었을 때만 쓸 수 있는 수란 말이야."

까삐가 눈을 지그시 내려 깔고 점잖게 말했다.

"잠깐, 우리 왕국 체육대회에서 하는 줄다리기에서도 음수를 사용할 수 있지 않을까?"

동수가 혼잣말을 했다.

"줄다리기에서?"

공주가 나서며 되물었다.

"그래! 우리 편이 3m를 끌고 왔다가 힘이 부족해서 다른 편 쪽으로 1m를 다시 끌려갔다면…."

동수가 덧붙여 말했다.

"오라! 그 다시 끌려간 1m는 우리 편에서 볼 때 음수가 된다는 거지?"

공주는 동수의 말이 채 끝나기도 전에 알겠다는 듯 물었다.

"그래! 바로 그거야. 그 1m는 마이너스 1, 즉 −1인 거지!"

동수도 다시 맞장구쳤다.

"그럼 처음에 끌고 온 거리는 +3이고 도로 끌려간 거리는 −1이라는 거로구먼."

왕도 천천히 고개를 끄덕이며 말했다.

"예, 폐하. 여기에 쉽게 그림으로 나타내보겠습니다."

동수가 종이쪽지에 그림을 그려서 왕 앞에 내놓았다.

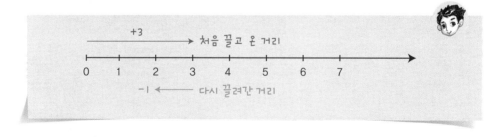

"오호! 이렇게 해놓으니까 줄을 끌고 온 거리가 2m라는 것을 쉽게 알

수 있구먼. 끌고 온 것은 양수로, 도로 끌려간 것은 음수로 수직선 위에 나타내니까 한눈에 볼 수 있어서 참 좋구나."

왕이 고개를 크게 끄덕이며 말했다.

"흥! 다른 편으로 도로 끌려간 1m도 0보다 큰 쪽에 있는데, 왜 마이너스(−)를 붙이는 거지? 마이너스는 마음 내키는 대로 아무 때나 막붙이면 되는 모양이지?"

이그노리가 동수를 힐끔 보며 빈정거렸다.

"원래 방향과 반대 방향으로 갈 때는 늘 음수(마이너스)로 하면 편리할 것 같아요. 가령 먼저 동쪽으로 갔다면 그 동쪽은 양수고 서쪽으로 가는 것은 음수(마이너스)가 되겠지요."

원래 방향과 반대는 음 수
•동쪽 양수면 서쪽 음수
•위쪽 양수면 아래쪽 음수
•오른쪽 양수면 왼쪽 음수

"그래, 그래! 땅에서 높은 곳으로 올라가다가 오히려 땅을 파고 아래로 내려간다면 그때도 마이너스로 나타내도 좋을 거야. 높은 곳의 방향은 양수, 아래쪽 방향은 음수로 말이야."

공주가 동수의 말에 맞장구를 쳐주었다.

"쳇! 어떻게든 빌어먹을 그놈의 음수를 쓰고 싶어서 모두들 안달이군. 어이! 그런데 말이야. 줄다리기를 시작하자마자 반대편으로 오히려 4m나 끌려갔다면 그땐 어떻게 할 거지? 어디 수직선에 한번 나타내보시지."

이그노리가 못마땅한 표정으로 동수에게 빈정거리며 말했다.

"그건 간단하죠. 시종장님."

동수가 종이쪽지에 즉시 음수를 나타내는 다른 수직선을 그리기 시작했다.

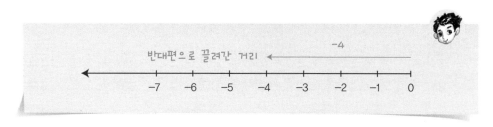

"와! 자연수를 나타낼 땐, 그러니까 양수를 나타낼 때는 0에서 시작해서 오른쪽으로 향해가는 수직선에 나타낼 수 있는데, 음수를 나타낼 때는 반대로 0에서 시작해서 왼쪽으로 향해가는 수직선에 나타낼 수 있다는 거구나."

공주가 소리쳤다.

"음, 그렇다면 양쪽 방향을 모두 나타낼 수 있는 수직선을 만들어볼 수도 있지 않겠느냐?"

왕이 호기심이 가득한 표정으로 다가서며 말했다.

"예, 폐하. 그런 건 어렵지 않아요."

동수가 시원스레 대답하고 다른 종이쪽지에 또 다른 그림을 그리기 시작했다.

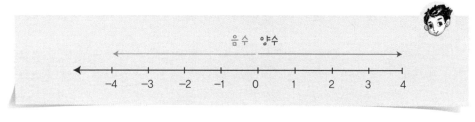

"오호! 이렇게 해놓으니까 양수와 음수, 심지어 0까지도 모두 한꺼번에 나타낼 수 있어서 좋구먼."

왕이 만족한 표정으로 말했다.

"그런데 저 수직선에서 가운데 수를 0(영)이라고 해도 물론 되겠지요. 그렇지만 저 가운데 점은 양수와 음수 양쪽 방향으로 가는 출발이 되는 점이잖아요. 그러니까 그 점을 **원점**이라고 해도 좋을 것 같아요. 근원 원(原), 점 점(點), 뿌리가 되는 점이라는 뜻이 걸랑요."

까삐가 왕 앞으로 나서며 참견했다.

"으흠, 그 뜻은 참 좋긴 한데 가운데에 원점이라고 나타내는 것보다는 그래도 0(영)이라고 적어놓는 것이 간편하지 않겠느냐?"

"에이 **원점**이라고는 그냥 읽기만 하고 나타낼 땐 그냥 **O(오)**로 하면 된다 구요. 영어로 Original의 첫 철자도 O(오)이니까요."

"그래, 그래. 수직선에서 양수와 음수의 정 가운데를 원점이라고 읽도록 허락할게. 그리고 O(오)로 나타내도 좋다."

까삐가 너무 고집스럽게 우겨서 왕도 까삐의 뜻대로 허락했다.

"흥! 저놈의 새는 틈만 나면 잘난 체한다니까. 그건 그렇고, 폐하, 저기 1, 2, 3, … 등의 수들을 멍청하게 양수라고 적어놓았는데, 저건 사실 자연수라고 해야 됩니다."

이그노리가 못마땅한 표정으로 소리쳤다.

"아휴~ 저 인간 바보 아냐? 자연수라고 해도 틀린 말은 아니지만 음수와 구별해서 말할 때는 양수라고도 부르기로 했었잖아. 벌써 까먹었니?"

까삐가 이그노리를 부리로 쫄 듯이 바짝 달려들며 재잘거렸다.

"에잇! 요게!"

이그노리가 까삐를 잡으려는 듯 잽싸게 손을 뻗었다.

끽~ 끽~ 끽~

까삐는 이그노리의 손아귀에서 가까스로 벗어나 날아올랐다.

"가만? 저렇게 양수, 음수, 0을 한 수 한 수 가지런히 정리해놓으니 깔끔하고 참 보기는 좋은데, 이런 따위 수들을 하나로 부를 수 있는 이름을 만들어놓으면 어떨꼬?"

왕이 동수 쪽을 보며 말했다.

"저, 그렇다면 그런 수들은 '한 수 한 수로 가지런히 정리해놓을 수 있는 수'라고 부르면 어떨까요?"

잠시 생각하던 동수가 대답했다.

"0을 가운데 두고 양수와 음수를 한 수 한 수 가지런히 정리해놓을 수 있는 수라는 뜻으로 그 말이 딱 맞는 이름이기는 한데, 부르기에는 좀 길지 않을까?"

공주가 말했다.

"그렇담 **정수**라고 해보렴!"

까삐가 날아오면서 말했다.

"정수?"

왕이 까삐를 보고 물었다.

"예, 폐하. 가지런할 정(整)자를 써서 **정수**(整數)라고 하면 가지런히 하나하나 정리해놓을 수 있는 수라는 뜻이 되는 거지요."

까삐가 왕을 보며 정중히 대답했다.

"핫하하! 한 수 한 수 정리해놓을 수 있는 수라고? 그럼 0도 1도 아닌 그 반을 나타내는 이런 수는 뭐라고 할 건데? 줄다리기 할 때 우리 쪽으로 1m도 미처 끌고 오지 못했을 때 말이야."

이그노리가 한바탕 웃더니 동수를 보며 빈정거렸다. 그러면서 종이쪽지

한 장을 불쑥 내밀었다.

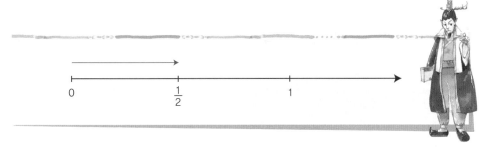

"$\frac{1}{2}$? 이분의 일이요?"

"그래! 또 $\frac{1}{3}$ 이나 $\frac{2}{5}$ 등 한 수 한 수로 딱딱 떨어질 수 없는 수는 어쩔 거냐고. 너희가 좋아하는 그 빌어먹을 음수에도 또 있겠지. 가령 $-\frac{1}{2}$, $-\frac{1}{3}$ 등 말이야. 이런 것들도 정수라고 할 거야?"

동수의 물음에 이그노리가 거드름을 피우며 덧붙여 말했다.

"그런 수들은 분수라고 초등학교 때 배웠는데…? 물론 분수에서 위에 있는 분자나 밑에 있는 분모는 따로따로는 정수라고 부를 수 있겠지만, 분자와 분모로 이루어진 분수까지도 정수라고 부를 수는 없겠네요."

동수가 시무룩한 표정으로 말했다.

"그렇지만 $\frac{4}{2}$, $\frac{6}{3}$, $-\frac{6}{2}$, $-\frac{9}{3}$ 같은 분수는 여전히 정수라고 할 수 있단 말이야. 약분해서 정리하면 2, 2, −3, −3 등 하나하나의 수로 나타낼 수 있으니까 말이야."

분수 중에 약분해서 하나의 수로 정리될 수 있는 수는 정수

까삐가 동수를 위로하여 말했다.

"뭐야! 그러다가 하나의 완전한 수로 나눌 수 없는 분수조차도 은근 슬쩍 정수라는 이상한 집단에 끼워 넣으려는 거지?"

까삐의 말에 약이 오른 듯 이그노리가 소리쳤다.

"바보, 멍청이! 약분이 돼서 하나의 수로 정리될 수 있는 분수만 정수라고 했잖아! 그건 당연한 거 아냐?"

까삐도 지지 않고 이그노리에게 대들었다.

"그만, 그만, 진정들 해! 정수에다가 분수까지도 포함할 수 있는 이름을 하나 더 만들면 되지 않겠나."

왕이 끼어들며 말했다.

"폐하, 시종장님 말씀을 듣고 보니 정수만 가지고는 세상에 일어나는 모든 이치를 수로 나타낼 수 없겠다는 생각이 듭니다. 그런데 정수에다가 분수까지 포함한다면 그 수들로 모든 이치를 다스릴 수 있을 것 같아요. 그래서 정수에다 분수도 포함할 때의 이름은 '세상의 모든 일을 다스리는데 필요한 수'라고 지으면 좋겠어요."

동수가 또박또박 왕에게 말했다.

"뜻을 잘 나타내는 좋은 이름이기는 한데, 너무 길지 않을까?"

왕이 좀 아쉬운 듯 말했다.

"**유-리-수**! 있을 유(有), 다스릴 리(理)자를 넣어서 유리수라고 해봐요. 다스릴 수 있는 수! 어때요?"

까삐가 왕 앞으로 날아오르며 말했다.

"오~ 그래, 그 이름이 아주 마음에 드는구나. 그러면 우리가 다스릴 수 있는 유리수는 양수와 음수, 0을 포함하는 정수 그리고 분수같이 정수가 아닌 유리수를 모두 포함하는 것이 되겠구나."

왕이 만족한 표정으로 말했다. 그리고는 커다란 종이에 손수 정리해보았다.

"폐하, 하지만 저기 정수가 아닌 유리수에서 분수들의 분모에는 0을 사용해서는 안 될 것이옵니다."

이그노리가 실눈을 뜨고 지켜보다 불쑥 나서며 말했다.

"왜 그런 생각을 한 것이오? 시종장."

왕이 고개를 갸우뚱하며 말했다.

"폐하, 만일 $\frac{1}{2}$ 이라면 둘로 나눈 중에 하나라는 뜻이지요? 그런데 $\frac{1}{0}$ 이라면 아무것도 없는 것으로 나눈 중에 하나라는 뜻이니 이건 말이 되지 않사옵니다."

"오, 시종장 말을 듣고 보니 정말 그렇겠군. 그럼 정수가 아닌 유리수를 말할 때 분수를 이루는 분모에는 절대 0을 사용할 수 없도록 하겠다."

왕이 엄격한 어조로 말했다.

"폐하, 이것…."

왕을 따라다니던 신하 중 한 명인 벤이 하얀 종이에 그림을 그려서 내어
놓았다.

"으응? 접시를 포개놓은 그림! 이건 우리가 지금까지 말하고 정리했던
것을 접시에 담아놓은 것처럼 그림으로 나타낸 것이로구나?"

왕이 재미있다는 듯이 환하게 웃었다.

"그러하옵니다. 폐하. 자연수 접시에는 1, 2, 3,… 등만 담겨 있습니다.
그러나 정수 접시는 자연수 접시를 통째로 담고 있는 것은 물론이고 자연
수 접시에 담겨 있지 않은 0이나 음의 정수도 모두 담고 있지요. 그리고 유
리수 접시는 자연수 접시와 정수 접시는 물론이고 정수 접시에 담겨 있지
않은 분수 등 유리수까지도 담고 있으니, 유리수 접시는 정수는 물론이고
자연수도 모두 담고 있다는 것을 나타내보려고 했사옵니다."

벤이 왕과 일행을 보며 또박또박 설명했다. 또한 벤은 큰 접시가 작은
접시를 담고 있는 모양을 새로운 기호(⊂)로 만들어서 왕에게 설명했다.

으아악! 땅이 무너졌다!

사람이 빠졌다!

비명 소리가 들리고 사람들이 어디론가 달려가고 있었다.

"저쪽에 무슨 큰일이라도 일어난 모양이로구나."

왕과 일행도 사람들이 달려가는 곳으로 서둘러 달려갔다.

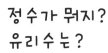

정수가 뭐지?
유리수는?

우리는 손가락으로 수를 세며 여러 가지 필요한 계산을 하면서 살아왔어.

바로 **자연수**를 사용해온 거지.

그러다가 자연수가 나타내지 못하는 빈자리를 채울 수가 필요했지.

그래서 우린 0을 찾아냈었어.

그런데 사람들은 자연수와 반대의 수도 필요했단다.

그래서 만들어낸 것이 **음수**야. 그러면서 자연수를 **양수**라고도 불렀지.

음수, 0, 양수(자연수)

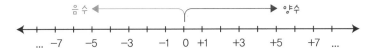

이런 수들은 수고스럽게 나눌 필요가 없이 아주 잘 정돈된 수들이야.

1이면 1, 2면 2, -1이면 -1, -2면 -2.

그래서 이런 수들을 모두 **정수**(整數)라고 부르기로 했단다.

그런데 정수로는 우리 생활에 필요한 모든 것들을 다스릴 수 없었어.

1을 반으로 나눈 수 또는 삼분의 일로 나눈 수 등도 필요했지.

이렇게 분수들까지 모든 것을 다스릴 수 있는 수를 우리는 **유리수**(有理數)라고 부르기로 했단다.

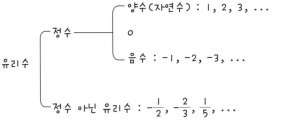

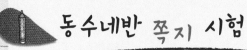

정수와 유리수

1 다음 보기를 참조해서 아래의 물음에 답하라.

> 보기 -3, $+7$, 0, $\dfrac{5}{2}$, -2.6, $-\dfrac{4}{2}$, -0.0025, 5

(1) 양의 정수가 있으면 모두 찾아보라.

(2) 음의 정수가 있으면 모두 찾아보라.

(3) 정수가 아닌 유리수가 있으면 모두 찾아보라.

 풀이

(1) 양의 정수: $+7$, 5

(2) 음의 정수: -3, $-\dfrac{4}{2}$ ※ $-\dfrac{4}{2} = -2$ ∴정수

(3) 정수 아닌 유리수: $\dfrac{5}{2}$, -2.6, -0.0025

　• 양수도 아니고 음수도 아닌 정수: 0

수직선 위에 유리수 나타내기

2 수직선에 있는 가~마까지의 수와 보기의 수를 연결하라.

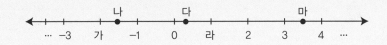

보기
$$-\frac{3}{2}, \quad \frac{3}{10}, \quad 1, \quad -\frac{4}{2}, \quad 3.6$$

가 •   • $-\dfrac{3}{2}$

나 •   • 3.6

다 •   • $-\dfrac{4}{2}$

라 •   • 1

마 •   • $\dfrac{3}{10}$

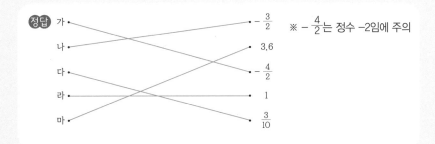

정답

※ $-\dfrac{4}{2}$ 는 정수 -2임에 주의

216

4 절댓값

- 절댓값의 개념
- 0과 절댓값의 관계
- 양수, 음수와 절댓값의 관계
- 수직선 위에서 절댓값의 역할

싱크홀에 빠진 사람을 구출하라!

"아니? 와~"

마을 한가운데에 커다란 구멍이 뚫려 있었다.

많은 사람들이 이미 그곳에 모여서 웅성거리고 있었다. 또 어떤 이는 놀란 눈으로 구멍 안을 내려다보고 있었다. 그 중에는 빨간 고깔모자를 쓴 조그만 아이가 허리까지 굽히며 구멍 안을 좀 더 자세히 보기 위해서 애쓰는 모습도 보였다.

"누가 여기에 이렇게 쓸데없이 구멍을 뚫어놓은 거지?"

이그노리가 빨간 고깔모자 아이에게 물었다.

"누가 일부러 뚫어놓은 게 아니라구요."

"일부러 뚫어놓은 게 아니라면?"

"갑자기 쿵하는 소리가 나더니 땅이 무너지고 이렇게 큰 구멍이 생겨난 거라구요."

"아니? 그 말을 나에게 믿으라고?"

이그노리가 버럭 소리를 질렀다.

"왜 나에게 소리를 지르는 거죠? 사실대로 말한 것뿐인데. 믿기 싫으면 안 믿으면 되잖아요!"

"뭐야! 이 녀석이."

이그노리가 아이를 노려보았다.

"이건 싱크홀이라는 거라구요."

동수가 끼어들며 말했다.

"싱크홀?"

공주가 동수를 보고 물었다.

"그래, 땅 밑이 갑자기 꺼지면서 땅 밑으로 커다란 구멍이 생기는 현상 이란다."

동수가 대답했다.

"쳇! 잘난 체하긴. 왜 그런 일이 생기는지는 알고 있남?"

"그건 저도 몰라요."

이그노리가 빈정대며 묻자 동수가 대답했다.

"저 속에 사람이 빠져 있어요!"

구멍 속을 들여다보던 고깔모자 아이가 소리쳤다.

모두들 구멍 곁으로 모여들어 허리를 굽혀 내려다보았다.

정말로 깜깜한 구멍 속에서 한 사람이 위를 향해 살려달라는 듯이 손짓을 하고 있었다.

"어서 줄을 내려 줘야 해!"

누군가 다급히 말했다.

"그래, 줄에 매듭을 만들어 내려 보내자. 저 사람이 그 줄의 매듭을 잡으면, 그때 여러 사람이 달려들어 다른 한쪽 끝을 끌어올리면 될 거야."

왕이 의견을 말했다.

"줄은 얼마나 긴 것을 준비할까요?"

이그노리가 왕에게 물었다.

"음, 웅덩이 속의 바닥까지 깊이가 대략 5m쯤 되니까…."

왕이 눈대중으로 깊이를 어림하여 보았다.

"응? 뭐야, 하하하! 내 이럴 줄 알았지. 으하하!"

왕 옆에서 골똘히 생각에 잠겨 있던 이그노리가 미친 듯이 웃으며 말했다.

"뭘 알았다는 말인가?"

왕이 의아한 표정으로 물었다.

"폐하, 이것 좀 보세요. 내 이럴 줄 알았다니까. 땅속으로 내려 보내는 데 필요한 줄의 길이가 마이너스 5m쯤 필요하고 땅 위쪽에서 끌어올리는 데 필요한 부분이 플러스 5m. 그러니까 총 필요한 줄의 길이가 0m라는 거잖아요? 음수를 사용하면 이렇게 된다구요."

이그노리가 말했다.

"호호호! 줄의 길이가 마이너스 5m라구요?"

공주가 재미있다는 듯 웃으며 말했다.

"나도 마이너스나 음수라는 이상한 수를 사용하기는 싫지만 아까 공주님도 말했잖아요. 땅 위로 길이를 셀 때는 플러스이고 땅 밑으로 길이를 셀 때는 마이너스라고요."

이그노리가 뾰로통한 표정으로 말했다.

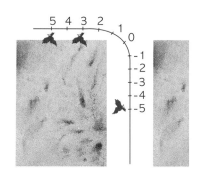

"멍청이! 땅 밑으로 방향을 나타낼 때 음수를 쓸 수 있다고 했지. 누가 길이나 깊이를 나타낼 때 음수를 쓸 수 있다고 했남? 길이나 거리를 나타낼 때는 절대로 음수를 쓰면 안 된다고! 절대로! 절대로!"

까삐가 나서며 소리쳤다.

"잠깐만! 잠시 기다려봐."

동수가 어디에선가 동아줄을 구해 와서 땅바닥에 길게 늘어놓았다.

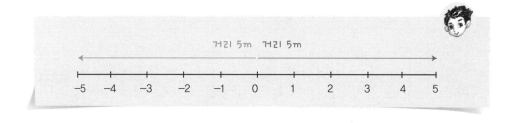

"어? 동아줄을 이렇게 늘어놓으니까 수직선이 되었네!"

공주가 말했다.

"그래, 이렇게 길게 늘어놓으니까 0에서 왼쪽, 음수 쪽에 있는 −5까지의 거리도 5m이고 0에서 오른쪽, 양수 쪽에 있는 5까지의 거리도 똑같이

5m라는 것을 알 수 있어. 그러니까 거리는 양수 방향으로 향하거나 음수 방향으로 향하거나 항상 양수로 나타내야 할 것 같아."

"흠, 이제야 비로소 음수가 필요 없다는 것을 깨달은 것 같군."

동수의 설명을 듣던 이그노리가 중얼거렸다.

"오호, 그래. 수직선 위 0, 즉 원점에서 어떤 수까지의 **거리**는 그 수가 양수이건 음수이건 무조건 양수로 나타내도록 해야 되겠군. 이런 규칙은 절대로 위반하지 않도록 하자."

왕이 엄한 표정으로 말했다.

"그럼 그런 수는 아예 **절댓값**이라고 이름을 붙여두면 어떨까요?"

늘 이름 붙이기를 좋아하는 까삐가 또 나섰다.

"오호! 그래 아주 마음에 드는 이름이야."

왕도 까삐가 지은 이름을 매우 만족해했다.

"음, 절댓값은 양수 부호(+)든 음수 부호(−)든 그냥 떼어버리기만 하면 되는 수라는 거지? 그렇담 이 절댓값만 사용하면 언제든 보기 싫은 음수가 나오면 곧 양수로 바꿀 수 있겠군."

이그노리가 빙긋이 웃으며 혼자 중얼거렸다.

"그런데 절댓값에 아무 부호를 붙이지 않으면 그 수가 양수를 나타낸 것인지 절댓값을 나타낸 것인지 어떻게 구별할 수 있지?"

동수가 걱정스런 표정으로 혼잣말을 했다.

"그건 그렇겠군. 어쩌면 아무 부호도 붙지 않은 절댓값에 은근 슬쩍 음수 부호를 붙이는 자도 있을 테고. 그러니까 아예 절댓값은 □ 안에 수를 가둬서 나타내면 어떨까?"

이그노리가 동수를 보며 말했다.

"만일 절댓값이 5라면 5 라고 말이죠?"

"그래! 바로 그렇게."

이그노리가 오랜만에 동수의 의견에 찬성했다.

"그런 모양은 절대 안돼! 너무 답답하단 말이야. 아무리 수라도 숨을 쉴 수 있어야지."

답답한 새장 속이 생각난 까삐가 강하게 반대했다.

절댓값의 부호는 | |로 하자.

"하하하! 그래 까삐 말대로 아무리 수라도 숨구멍은 만들어줘야겠구나. 그럼 저 상자 모양의 위와 아래를 터서 절댓값 부호를 만들자. | | 이렇게. 그러니까 절댓값이 5라면 | 5 |라고 하잔 말이야."

왕이 까삐의 편을 들어주었다.

"저, 그런데 절댓값은 항상 양수로 나타내야 된다고 했으니까 절댓값은 항상 0보다 큰 수가 되겠네?"

공주가 나서며 물었다.

"물론이지."

동수가 시원스레 대답했다.

"어이! 내가 하나 물어보지. 0이 양수인가?"

이그노리가 갑자기 동수를 보며 물었다.

"물론 아니지요. 0은 음수도 아니고 양수도 아니니까요."

동수가 당연하다는 듯이 말했다.

"자신 있게 말하는 군. 그럼 0의 절댓값은 뭐라고 할 거지?"

"……"

이그노리의 질문에 동수는 말문이 막혔다.

"0의 절댓값은 그냥 0으로 하기로 하자!"

곁에서 지켜보던 왕이 단호하게 결정했다.

"그렇다면 절댓값은 언제나 0보다 크거나 적어도 같겠네요?"

공주가 왕 앞으로 한발 나서며 말했다.

"그렇다고 해야 되겠지?"

왕이 공주의 말에 대답하면서 빙긋이 웃어보였다.

"어? 그런데 어떤 절댓값 수가 있을 때 그 수가 원래 양수였는지 음수였
는지 어떻게 알 수 있지?"

공주가 동수를 돌아보며 말했다.

"그건 양수와 음수 두 개라고 해야 하지 않을까? 가령 절댓값이 5라면 원래의 수는 +5와 −5라고 해야 될 거야."

동수가 말했다.

"아하! 맞아! 그러니까 절댓값이 5라면 원점에서 양수 쪽과 음수 쪽으로 같은 거리의 두 수를 모두 말해야 한다는 거지?"

"그래, 그래!"

공주의 말에 동수가 고개를 크게 끄덕이며 말했다.

"하하하!"

동수와 공주가 말하는 것을 보며 왕이 큰소리로 웃었다.

"저, 폐하! 이거…."

동수가 절댓값에 대해서 다시 한 번 종이쪽지에 깨끗하게 잘 정리한 것을 왕 앞으로 내밀었다.

절댓값에 대한 정리
- 절댓값은 양수나 음수에서 +나 −를 떼어낸 모습
- 절댓값의 부호는 | |, 절댓값이 3이라면 | 3 |
- 절댓값은 수직선 위 원점에서 어떤 수까지의 거리
- 양수의 절댓값은 오른쪽으로 간 거리, 음수의 절댓값은 왼쪽으로 간 거리
- 0의 절댓값은 그대로 0
- 절댓값은 언제나 0보다 크거나 같음(절댓값 $\geq$ 0)

언제나 양수의 얼굴을 하고 있는 절댓값

우리가 방향보다는 절대적인 순수한 값을 알고 싶을 때
필요한 수가 절댓값이야.
수직선 위에서 보자면
어떤 수를 나타내는 점에서 원점까지의 거리지.

예를 들면 누가 몸무게가 10kg 줄었다고 할 때
"뭐라고? 몇 kg이라고?" "10kg이라고!"
하고 대답했다면 이땐 단순한 크기가 궁금한 거겠지.
절댓값이 필요한 거야.
그런데 "10kg이 어쨌다고?" "줄었다고!"
하는 대화였다면 이땐 늘었는지 줄었는지 방향이 중요한 거지.
양수냐 음수냐가 중요한 거야.

따라서 절댓값이 필요할 땐 양수인지 음수인지는 중요하지 않아.
그래서 절댓값은 양수나 음수에서 '+'나 '−'를 떼어낸 모습이지.
부호는 | | 모습이야. 만일 절댓값이 3이라면 | 3 |으로
나타내면 돼. 물론 0의 절댓값은 | 0 |이고.
예를 들면 −2의 절댓값이나 +2의 절댓값이나 모두 |2|거든.
결국 절댓값의 크기는 언제나 0보다 크거나 같은 모습이지.
즉 절댓값 ≧ 0이야.

수직선에서 원점으로부터 멀어질수록 절댓값은 더 크단다.
원점에서 오른쪽으로 간 거리라면 그건 양수의 절댓값이야.
원점에서 왼쪽으로 간 거리라면 그것은 음수의 절댓값이겠지.

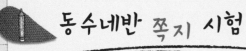

동수네반 쪽지 시험

절댓값의 이해

다음 수 중 원점으로부터의 거리가 가장 먼 수는?

① $-\dfrac{3}{1000}$ ② $\dfrac{2}{5}$ ③ -0.45

④ $\dfrac{7}{3}$ ⑤ -2

정답 ④

※ 절댓값 : 수직선 위 어떤 점에서 원점까지 거리

∴ 원점에서 멀리 있는 수 ☞ 절댓값 큰 수

• 원점으로부터 가까운 수부터 나열하면

$-\dfrac{3}{1000} = -0.003,$ $\dfrac{2}{5} = 0.4,$ $-0.45,$ $-2,$ $\dfrac{7}{3} = 2.3333$

절댓값 찾기

절댓값이 3보단 크지만 5보단 작은 정수의 개수는?

① 1   ② 2   ③ 4   ④ 8   ⑤ 10

정답 ②

• 3보단 크고 5보단 작은 정수의 절댓값은 4뿐이다.

• 절댓값 4에 해당하는 정수는 -4, 4 둘이 있다.

　어떤 수의 절댓값은 그 수에서 +, −를 떼낸 것

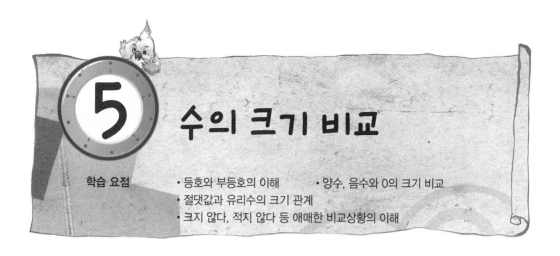

5 수의 크기 비교

학습 요점
- 등호와 부등호의 이해
- 절댓값과 유리수의 크기 관계
- 크지 않다, 적지 않다 등 애매한 비교상황의 이해
- 양수, 음수와 0의 크기 비교

화가 난 빨간 고깔모자 아이

"오오! 절댓값을 이렇게 정리해놓으니 참 좋구나!"

왕이 매우 만족스런 표정으로 동수를 칭찬했다.

"아니? 저 이상한 기호는 또 뭐지?"

이그노리가 동수가 정리해놓은 종이쪽지를 가리키
며 말했다.

"아하! 저건 등호와 부등호를 이용한 거라 구요.
=는 양쪽이 같다는 뜻인 등호라는 거구요. >는 입을
벌린 쪽이 뾰족한 쪽보다 더 크다는 뜻인 부등호라는
거지요."

절댓값 ≧ 0

동수가 허공에 손가락으로 그려 보이며 말했다.

"오! 그럼 ≧는 입을 벌린 왼쪽이 크거나 또는 양쪽이 같을 수도 있다는
뜻이 되는 거구나? 그래서 절댓값≧0이 바로 절댓값이 0보다 크거나
또는 같다는 뜻을 간단히 나타내는 방법이 되는 거고."

공주가 손뼉까지 치며 말했다.

"그래, 그래!"

동수가 고개를 크게 끄덕이며 말했다.

"오호라! 그 등호와 부등호라는 것을 이용하면 수를 비교할 때 참 편리하겠구먼. 말이 나온 김에 아까 그렸던 수직선 위 유리수들의 순서도 부등호를 사용해서 비교해볼 수 있겠느냐?"

왕이 동수를 보며 말했다.

"예, 폐하! 수직선 위에 있는 유리수들은 오른쪽으로 갈수록 더 큰 수가 될 것이고 왼쪽으로 가면 수가 더 작아질 것이옵니다."

동수가 바닥에 그림까지 그리며 말했다.

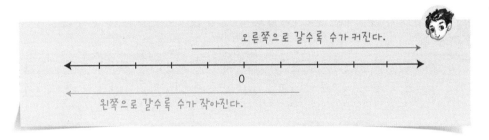

"쳇! 수직선 위에 얼렁뚱땅 글로만 써놓지 말고 수들의 크기를 부등호로 제대로 표시해보란 말이야! 그리고 빌어먹을 음수 대신에 절댓값을 사용하기로 해놓고는 네가 써놓은 저 말이 맞는다고 생각해? 절댓값은 0을 중심으로 오른쪽으로 가도 커지고 왼쪽으로 가도 커져야 된다고."

이그노리가 동수가 그려놓은 그림을 가리키며 말했다.

"아이고! 답답하긴…. 물론 절댓값의 수는 수직선에서 0을 중심으로 음수가 있는 왼쪽으로 가든지 양수가 있는 오른쪽으로 가든지 0에서 멀어질수록 수가 커지는 건 사실이야. 그러나 저기에서 동수가 말하는 것은 그냥 **유리수**를 말하는 거라고.”

까삐가 날개로 가슴을 치며 말했다.

“뭐야? 유리수에서도 마찬가지야! 0보다 오른쪽에 있는 양수가 0에서 오른쪽으로 멀리 갈수록 커지는 것은 당연하지만, 0보다 왼쪽에 있는 그 꼴 보기 싫은 음수조차도 왼쪽으로 멀리 갈수록 더 커진단 말이야. 자, 똑똑히 보라고! −3이 더 크냐? 아니면 −2가 더 크냐?”

이그노리가 까삐를 보며 버럭 소리 질렀다.

“그야, −2가 더 크지.”

까삐가 당연하다는 듯이 대답했다.

“푸 하하하! 수가 더 작은 −2가 −3보다 크다고? 이 멍청아, 수가 더 큰 −3이 더 크지~이. 그러니까 동수가 말한 부등호로 나타내면 −3 > −2이어야 된다고.”

이그노리가 어이없다는 듯이 웃으며 말했다.

“킥킥킥! 정말로 누가 멍청이인지 모르겠군. 잊었어? 음수라는 것은 아무것도 없다는 뜻을 나타내는 수인 0에서 얼마가 더 부족하냐 하는 뜻이라고. 그러니까 −2는 0보다 2가 부족하다는 뜻이고 −3은 0보다 3만큼 더 부족하다는 뜻이야. 그런데도 더 부족한 수인 −3이 덜 부족한 수인 −2보다 더 크다고?”

까삐가 고개를 까딱이며 놀리는 표정으로 말했다.

“그건 까삐 말이 옳은 것 같구나.”

왕도 까삐의 의견을 두둔하자 이그노리는 더 이상 아무 말도 할 수 없었다.

“……”

"그래, 이제부터 양수는 항상 0보다 크고 음수는 항상 0보다 작다고 하자. 물론 양수는 언제나 음수보다 클 것이고. 이와 같은 이치를 동수가 부등호로 한번 나타내볼 수 있겠는고?"

왕이 동수를 보며 말했다.

"예, 폐하. 그건 간단해요."

동수가 선뜻 대답하며 종이에 그 모양을 그려 보였다.

양수>0, 음수<0, 음수<양수

"그러니까 예를 들면, 1>0, −1<0, −1<1이라는 거지? 와! 정말 딱 들어맞는구나! 그런데 이렇게 한꺼번에 나타내면 어떨까?"

공주가 동수가 적어놓은 것 밑에 새롭게 적으며 말했다.

음수 < 0 < 양수

"오! 우리 공주도 제법이구나. 그러니까 예를 들면 −1<0<1 로 나타낼 수 있다는 거지?"

왕이 매우 기뻐하며 말했다.

"공주님이 만든 방법이 동수가 만든 것보다 훨씬 더 훌륭하옵니다."

이그노리가 기다렸다는 듯이 말했다.

"아이~! 그런데 이런 생각도 할 수 있을 것 같아요."

공주가 부끄러운 표정을 짓더니 또 다른 글을 써서 보여주었다.

양수의 절댓값은 그 수가 클수록 유리수의 수가 크지만
음수의 절댓값은 그 수가 크면 유리수의 수는 오히려 작다.

"음, 절댓값이 2와 3이고 그것들이 양수의 절댓값이라면 그 유리수의 크기는 2<3이라는 거고. 절댓값은 마찬가지로 2와 3이지만 그것들이 음수의 절댓값이라면 그 유리수의 크기는 반대로 −2>−3이라는 거네요? 와! 공주님 정말 대단하십니다."

이그노리가 연신 굽실거리며 말했다.

"으음…. 허허허! 그런데 $-\dfrac{1}{2}$과 $-\dfrac{2}{5}$ 같은 분수는 어떻게 비교해야 하지?"

왕이 공주를 보며 흐뭇하게 웃고는 덧붙여 말했다.

"그야 분수에서는 분자의 크기만 비교하면 되지 않을까요? 그러니까 $-\dfrac{1}{2}>-\dfrac{2}{5}$라고 해야 되겠지요. 마음이 썩 내키지는 않지만 음수일 때는 절댓값의 수가 더 큰 것이 더 작은 수가 되는 것으로 하자고 했으니까요."

이그노리가 자신 있게 대답했다.

"어이구! 저런 멍청이. 분수를 비교할 때 분모는 보지 않고 분자만 비교하면 되나?"

"뭐야!"

까삐의 빈정거리는 말에 이그노리가 휙 돌아보며 소리쳤다.

"분모가 같을 때는 분자만 비교하면 되지만 저것처럼 분모가 다르다면 분모를 같게 만들고 분자의 크기를 비교하던지. 아니면 모두 소수로 고치고 비교해야지. 그냥 비교하면 되느냐고?"

까삐도 맞받아 소리쳤다.

"그건 까삐 말이 맞아요. 우선 $\frac{1}{2}$ 과 $\frac{2}{5}$ 를 비교하려면 분모를 같게 해야 해요. $\frac{1}{2}$ 의 분모와 분자에 각각 5을 곱해서 다시 만들면 $\frac{5}{10}$ 가 될 거고 $\frac{2}{5}$ 의 분모와 분자에 각각 2를 곱하면 $\frac{4}{10}$ 가 될 거예요. 그럼 이제 분모가 같아졌으니 $\frac{5}{10}$ 와 $\frac{4}{10}$ 의 분자 크기만 비교하면 되죠."

"그럼 $\frac{5}{10}$ 가 $\frac{4}{10}$ 보다 더 크니까 $\frac{5}{10} > \frac{4}{10}$ 가 되겠네? 그런데 원래 두 수 모두 음수였으니까 크기가 반대로 되어야 할 것이고. $-\frac{5}{10} < -\frac{4}{10}$ 이렇게. 그러니까 $-\frac{1}{2} < -\frac{2}{5}$ 가 정답이 되겠네?"

동수의 설명에 공주가 덧붙여 말했다.

"어? 그렇게 되면 시종장이 말했던 답과 반대가 아니냐. 그런데 듣고 보니 동수와 공주가 말한 답이 더 옳은 것 같구나."

왕이 말했다.

"소수로 해도 답은 같을 것입니다. $-\frac{1}{2}$ 을 소수로 고치면 -0.5이고 $-\frac{2}{5}$ 를 소수로 고치면 -0.4이니 $-0.5 < -0.4$가 됩니다. 그러니까 공주님이 말한 답과 마찬가지로 $-\frac{1}{2} < -\frac{2}{5}$ 라는 거지요."

동수의 말에 옆에서 이그노리는 뾰로통한 표정으로 있었다.

"으흠. 그리고 보니 분수로 된 유리수의 크기를 비교할 때는 반드시 분모의 크기를 같게 해서 비교하든지 소수로 고쳐서 비교해야 되겠군."

분수의 크기를 비교할 때는
• 우선 분모의 크기를 같게 하여 분자의 크기를 비교하든지
• 소수로 고쳐서 비교하라!

왕이 고개를 끄덕이며 말했다.

"큭! 큭! 큭!"

이그노리가 야릇한 표정을 지으며 동수를 보고 웃었다.

"왜 웃으시죠?"

동수가 언짢은 기분이 들어 퉁명스럽게 말했다.

"부등호와 등호를 이용해서 수의 크기를 마음대로 말할 수 있다고 자신 감이 대단하구먼! 그렇다면 '크지 않다'거나 '작지 않다'와 같은 애매한 것도 쉽게 말할 수 있어야 하는데? 또 이상, 이하, 미만, 초과 등의 말이 있을 때도 수의 크기를 자유롭게 나타낼 수 있어야 할걸!"

이그노리가 빈정대며 의기양양하게 말했다.

"그건 어렵지 않아요. 먼저 '크지 않다'는 것은 다른 말로 '작거나 같다'는 것과 같잖아요? 또 다른 말로는 '이하'라고도 할 수 있고요. 예를 들어 'x가 3보다 크지 않다'라면 'x는 3보다 작거나 같다'라고 할 수 있고 'x는 3 이하이다'라고도 나타낼 수 있다는 거지요. 이 모든 말은 간단히 $x \leq 3$으로 나타낼 수 있죠."

동수가 종이쪽지에 적으며 말했다.

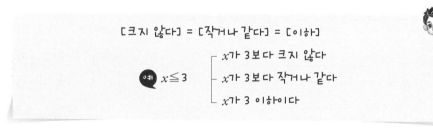

[크지 않다] = [작거나 같다] = [이하]

예 $x \leq 3$
- x가 3보다 크지 않다
- x가 3보다 작거나 같다
- x가 3 이하이다

"으으~윽! 너무 잘난 체하고 있군. 그따위 것들은 누구나 아는 사실이라고. 내가 정말 묻고 싶었던 것은 '작지 않다'를 부등호나 등호로 나타내 보라는 거야."

이그노리가 잔뜩 약이 오른 표정으로 퉁명스럽게 말했다.

"잘난 체하다니요. 시종장님께서 물으셔서 그저 대답했을 뿐인걸요. 아무튼 '작지 않다'에 대하여 물으시니 대답할게요. 내 생각에 이 말은 '크거나 같다'와 같은 뜻이라고 생각해요. 또 다른 말로는 '이상'이라고 할 수도 있고요. 예를 들어 'x가 2보다 작지 않다'라면 'x는 2보다 크거나 같다'라는 뜻이 되고 다른 표현으로 'x는 2 이상이다'라고도 할 수 있을 것 같아요. 물론 이 모든 표현은 $x \geqq 2$라고 나타낼 수 있을 거구요."

이번에도 동수는 종이쪽지에 적으면서 말했다.

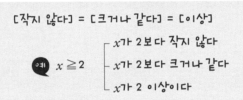

"으음!"

이그노리는 신음 소리만 낼 뿐 더 이상 말이 없었다.

"아, 그리고 '미만'과 '초과'는 같다는 부분을 빼면 될 것 같아요. 그러니까 예를 들면 3 미만이면 3은 제외하고 그 이하를 말하는 것이고요. 3 초과는 3을 제외하고 그 이상을 말해야 될 것 같아요."

동수가 이그노리를 힐끔 보며 말했다.

"그럼, '보다 작다'나 '보다 크다'라는 말은 '미만'이니 '초과'와는 다른 건가?"

가만히 듣고만 있던 공주가 끼어들었다.

"음, '보다 작다'는 '미만'과 같고 '보다 크다'는 '초과'라는 말과 같은 말이라고 해야 될 것 같아."

동수가 말했다.

"아니? 그런데 지금 모두 뭣들 하는 거죠? 어서 저 땅속에 빠진 사람을 구해야 되잖아요!"

빨간 고깔모자 아이가 길길이 뛰며 소리쳤다.

"맞아! 맞아!"

왕과 동수 일행이 정수며 유리수의 성질을 말하는 것을 재밌게 지켜보던 사람들도 그제야 정신을 차리고 맞장구를 쳤다.

"그래, 어서 저 밑에 있는 사람에게 내려 줄 동아줄을 구해 오거라!"

왕이 소리쳤다.

"그럼 몇 미터짜리를 …. "

이그노리가 머뭇거렸다.

"땅 밑으로 내려 보낼 부분 5m, 땅 위에서 끌어올릴 부분 5m 해서 10m라고 하지 않았소?"

왕이 답답하다는 듯이 이그노리를 보며 나무랐다.

"영차! 영차!"

"와! 와아! 드디어 사람이 올라온다."

줄을 땅 밑으로 내리자 땅속에 있던 사람이 얼른 줄을 잡았다. 그러자 위에 있던 사람들이 그 모습을 보고는 함께 달려들어 힘껏 끌어당겼다.

"고맙습니다. 정말 고맙습니다."

땅 위로 올라온 사람이 모두에게 눈물을 흘리며 인사했다.

"그런데 왜 이렇게 갑자기 땅이 가라앉았는고?"

왕이 사람들을 향해서 물었다.

"그건 사람들이 땅속에 흐르는 지하수를 마구 파서 사용했기 때문이어요."

빨간 고깔모자 아이가 퉁명스런 말투로 소리쳤다.

"지하수를 파서?"

"예, 폐하. 사람들은 쇠로된 긴 관을 땅속 깊은 곳에 박아놓거든요. 그러면 지하수가 땅 위로 솟아 올라와요. 그래서 사람들이 그 물을 마구 쓰죠. 그렇게 되면 결국 땅속이 텅텅 비게 되거든요. 그래서 땅이 무너지고 이렇게 큰 구멍이 생기는 거라고요."

빨간 고깔모자 아이가 화가 난 목소리로 왕의 질문에 대답했다.

"오호! 그런 일이 있었구면. 앞으로는 땅속의 지하수를 마구 파내어 쓰는 일이 절대 없도록 하라!"

왕이 엄격하게 명령했다.

"어? 저긴 뭐하는 곳이죠?"

동수가 시장 가운데 높이 솟아 있는 집을 가리키며 말했다.

"으흠! 그럼 같이 저곳에 가보자. 가서 뭐하는 곳인지 보여줄게."

왕이 빙긋이 웃으며 그곳으로 앞장서 발길을 옮겼다.

수의 크기를 비교할 때는

앞서 배운 절댓값을 활용하면 쉽단다.

그리고 당연한 말이지만 양수는 무조건 음수보다 크다는 거야.

0은 양수 중 가장 작은 어떤 유리수보다도 작지만

음수와 비교하면 가장 큰 어떤 음수인 유리수보다도 크단다.

부등호로 나타내보면 '음수 < 0 < 양수'이지.

양수는 절댓값이 커지면 커질수록 더 커지고

음수는 절댓값이 커지면 커질수록 더 작아진단다.

즉 절댓값 3과 5를 비교하면

절댓값으론 3 < 5이겠지. 즉 5가 3보다 크다는 거야.

그것이 양수의 절댓값이라면 유리수의 크기는

3 < 5일 거야.

그런데 음수의 절댓값이라면 유리수의 크기가 어떨까?

-3 > -5, 즉 음수 3이 음수 5보다 더 크다는 거지.

분수인 유리수의 크기도 마찬가지야. 하나만 주의하면 말이지.

분모의 크기가 다를 때는 반드시 분모를 같게 해서 비교해야 한다는 거야.

$-\frac{1}{2}$과 $-\frac{2}{5}$는 어느 수가 클까? $-\frac{1}{2} < -\frac{2}{5}$가 답이야.

우선 분모가 다르니까 같게 해야겠지. 통분이라고 해.

그리고 음수이니까 통분한 후의 수에서 분자가 더 작은 쪽이 큰 유리수야.

부등호를 이용한 수의 크기 비교

1 '☐ 는 4보다 크고 8 이하의 수'라는 것을 부등호로 나타내면?

① 4≦ ☐ ≦8   ② 4≦ ☐ <8   ③ 4< ☐ <8

④ 4< ☐ ≦8   ⑤ 8≦ ☐ ≦4

정답 ④

· '★보다 크다'라면 ★는 포함하지 않는다.

· '★이상이다'라면 ★를 포함한다.

· '★보다 작다'라면 ★는 포함하지 않는다.

· '★이하이다'라면 ★를 포함한다.

여러 가지 경우 수의 크기 비교

 2 아래 보기의 수에 대한 설명으로 <u>틀린</u> 것을 모두 고르면?

> 보기 $-\dfrac{3}{2}$, $\dfrac{9}{3}$,   1, $-\dfrac{4}{2}$,   3.6

① 가장 작은 정수 아닌 유리수는 $-\dfrac{3}{2}$

② 가장 큰 유리수는 3.6

③ 절댓값이 가장 큰 정수 아닌 유리수는 $\dfrac{9}{3}$

④ 가장 작은 유리수는 $-\dfrac{4}{2}$

⑤ 절댓값이 가장 작은 유리수는 1

정답 ③

① 수 전체로 가장 작은 수는 $-\dfrac{4}{2}$, 정수 아닌 유리수라면 $-\dfrac{3}{2}$. 맞다.

② 맞다.

③ $\dfrac{9}{3}$는 절댓값이 가장 큰 정수, 절댓값이 가장 큰 유리수는 3.6

④ $-\dfrac{4}{2} = -2$ ∴맞다.

⑤ 맞다.

6 유리수의 덧셈과 뺄셈

"와아~, 굉장하다!"

"뭐하니? 어서 따라 들어오지 않고."

웅장한 건물 앞에서 놀라고 있는 동수를 보며 공주가 말했다. 동수는 멈 칫멈칫 주위를 둘러보며 건물 안으로 들어갔다.

"저 사람들은 무슨 일을 저렇게 열심히 하고 있는 거야?"

건물 안으로 들어서던 동수가 혼잣말로 중얼거렸다.

건물 안에서는 뭔가 열심히 서류를 뒤적이며 글씨를 쓰는 사람이 많이 있었다. 그리고 어떤 사람은 상인인 듯 보이는 몇몇 사람들과 말다툼을 하 고 있었다.

"폐하, 어서 오시옵소서!"

일하던 사람들이 일제히 일어서서 왕에게 인사를 했다.

"여기는 우리 왕국의 세무서다. 상인이며 여러 국민들에게 세금을 거두 는 곳이지."

왕이 동수에게 친절히 알려주었다.

1. 유리수의 덧셈계산 방법
(1) 부호가 같은 두 유리수의 합

치킨가게 주인의 호소

"우리 가게는 이번에도 손해를 봤다구요. 세금은 한 푼도 낼 수 없어요. 그리고 약속대로 손해액의 절반을 어서 달라구요."

"잠깐만 조용히 하고 기다려보라니까요?"

한 상인이 울상을 지으며 세무 관리원에게 하소연하고 있었고 세무 관리원은 뭔가 열심히 계산하며 땀을 뻘뻘 흘리고 있었다. 그리고 그 상인 옆자리에는 또 다른 두 사람이 세무 관리원과 대화를 나누기 위해서 차례를 기다리며 앉아 있었다.

"무슨 억울한 일이라도 있는고?"

왕이 다가서며 물었다.

"예, 폐하. 이자는 치킨을 파는 상인인데요. 지난달에 3만원의 손해를 보았고 이번 달에는 5만원의 손해를 보았다고 하면서 손해액의 절반을 돌려달라고 저렇게 떼를 쓰고 있사옵니다."

세무 관리원이 울상을 지으며 말했다.

"우리 왕국에서는 상인이 두 달간 장사한 것을 합쳐서 이익이 생기면 그 반을 세금으로 나라에 바치고 손해를 보면 손해액의 반을 나라에서 상인에게 돌려주기로 했지 않은가? 그렇다면 저 상인에게 그가 치킨을 팔면서 손해 본 금액의 반을 돌려줘야 하겠구먼. 그런데 뭐가 문제지?"

왕이 치킨 파는 상인의 편을 들어주었다.

"하지만 폐하, 우선 치킨장수의 두 달간 손해가 모두 얼마인지를 계산해야 하는데, 그것이 힘들어서…."

세무 관리원이 계산하던 노트쪽지를 내밀면서 머뭇거렸다.

"큭! 큭! 큭! 넌 덧셈과 뺄셈계산을 잘 못하는구나. 어찌 그런 우스꽝스런 계산 모양이 다 있지?"

이그노리가 세무 관리원을 보고 빈정거렸다.

"나도 양수의 덧셈 · 뺄셈은 아주 잘 한다구요. 아마 시종장님보다도 제가 더 잘 할걸요? 그렇지만 이런 경우는 손해가 났으니 어쩔 수 없이 음수로 나타내야 되잖아요. 그래서 음수의 덧셈을 하려니까 이렇게 적어놓은 거죠."

세무 관리원이 붉게 달아오른 얼굴로 시종장에게 대꾸했다.

"오, 그래. 그렇겠어. 그렇담 이처럼 음수 부호와 덧셈기호를 동시에 같이 나타내야 될 때는 특별한 약속이 필요하겠군."

왕이 세무 관리원을 두둔해서 말했다.

"폐하, 계산할 때 수가 음수면 괄호를 만들어서 음수를 그 안에 넣고 계산식을 만들면 어떨까요?"

동수가 새로운 제안을 했다.

"아하! 아주 좋은 생각이군요. 그렇게 하면 아무리 음수의 덧셈이라도 헷갈리지 않고 쉽게 계산할 수 있을 것 같아요."

세무 관리원이 뛸 듯 기뻐하며 노트쪽지에 새로운 계산식을 적었다.

"오호! 그래. 계산식이 아주 훌륭한 모습이군. 그런데 이걸 어떻게 풀어야 될꼬?"

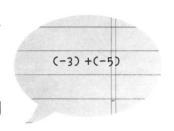

왕이 고개를 갸우뚱하며 근심스럽게 말했다.

"폐하, 절댓값을 이용하면 될 것이옵니다. 이렇게 기분 나쁜 음수가 있을 때 깨끗하게 음수 부호를 떼어버릴 수 있는 절댓값이야말로 이런 계산에는 제격이니까요."

이그노리가 의기양양하게 말했다.

"으응? 절댓값? 양수건 음수건 모두 기호를 **빼버리고** 모두 양수의 모양으로 만들어주는 그 절댓값 말인가?"

왕이 말했다.

"그러하옵니다. 폐하. 절댓값은 양수건 음수건 모두 기호를 빼버리면 되니 그냥 3+5만 계산하면 됩니다. 아주 쉽죠. 그렇게 계산하면 답이 8이옵니다. 그러니까 8만원…."

이그노리가 신나게 말하다가 갑자기 말문이 막혔다.

"8만원이라고? 그럼 손해가 이익으로 바뀌었단 말인가! 손해인 음수를 계산했는데, 어떻게 양수인 이익이 됐지?"

왕이 어이없다는 듯이 말했다.

"정말 생각이 없어요! 손해를 더했는데, 어떻게 손해가 이익으로 바뀐담? 그래도 절댓값을 이용한 것은 어쩐지 마음에 드는군."

까삐가 이그노리 머리 위를 빙빙 돌며 빈정댔다.

"잠깐만요. 부호가 같은 두 유리수를 더할 때 절댓값을 이용하려는 시종장님의 생각은 참 좋은 것 같아요. 어차피 손해건 이익이건 같은 부호의 두 수를 더하는 거니까 양수를 더하는 것처럼 두 수의 절댓값을 더하기만 하면 될 것 같아요."

동수가 이그노리를 두둔하여 말했다.

"그럼 너도 손해를 나타내는 음수 둘을 더하면 이익을 나타내는 양수로 바뀐다고 생각하는 거야?"

까삐가 뾰로통한 표정으로 동수에게 따졌다.

"그건 아니야. 두 수의 절댓값을 더한 후에는 원래 가지고 있던 공통인 부호를 그 더한 수 앞에 붙여야 된다고 생각해."

동수가 빙긋이 웃으며 말했다.

"맞아요! 이제 알겠어요. 그러면 되겠군요."

세무 관리원이 소리치며 노트쪽지에 계산을 시작했다.

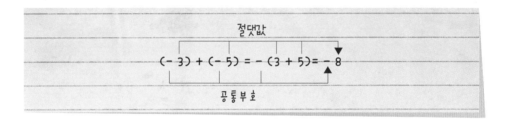

"오호! 이제야 치킨장수의 두 달간 손해를 정확히 계산해낸 것 같군. 손해가 모두 8만원이라는 거지? 그럼 어서 저자에게 4만원을 돌려주도록 하라."

왕이 세무 관리원에게 명령했다.

"폐하, 고맙습니다."

치킨장수가 왕에게 깊이 허리를 굽혀 인사하고 물러갔다.

"이제부터 부호가 같은 두 유리수를 더할 땐 반드시 각 수의 절댓값을 더한 후에 공통인 부호를 그 앞에 붙이도록 하라!"

244

왕이 큰소리로 모두에게 알렸다.

부호가 같은 두 유리수를
더할 땐 각 수의 절댓값을 더한
후에 공통인 부호를 그 앞에
붙이도록 하라!

(2) 부호가 다른 두 유리수의 합

고민에 빠진 피자가게 주인

"저의 가게는 피자를 팔고 있어요. 우린 지난달에 2만원의 손실을 봤지만 이번 달에는 이익이 6만원이나 생겼어요.

다음 차례를 기다리던 피자가게 주인이 세무 관리원 앞으로 다가서며 걱정스런 표정으로 말했다.

"그런데 뭐가 걱정이슈? 손실이 나다가 이익이 생겼으면 좋아진 거 아닌감? 혹시 세금을 내야 되니까 그게 싫어서 그렇게 불만스런 표정을 짓는 거유?"

이그노리가 빈정거리는 투로 말했다.

"아니! 뭐요? 나는 단지 계산이 어려울 것 같아서 그런 거요. 좀 전에 치킨가게의 이익을 계산할 때는 두 달 모두 손실뿐이었지만 우리 가게는 손실과 이익이 섞여 있지 않소?"

치킨가게 주인이 얼굴이 벌겋게 달아올라 소리치며 이그노리를 노려보았다.

"그건 나도 같은 생각이오. 치킨가게의 이익을 계산할 땐 두 달 모두 손실뿐이었으니 그 수가 모두 음수여서 같은 부호였지만 피자가게는 다르지요. 한 달은 손실이고 다음 한 달은 이익이 생겨서 같은 부호를 가진 두 정수를 계산하는 방법으로는 쉽게 계산할 수 없을 텐데…."

세무 관리원도 걱정스런 표정으로 말끝을 흐렸다.

"걱정하지 않으셔도 될 것 같아요! 이렇게 한번 생각해보자구요."

골똘히 생각에 잠겨 있던 동수가 자신 있게 말했다.

"어떻게?"

모두 한목소리로 동수를 보며 물었다.

"수직선이요!"

"수직선이라니, 줄다리기를 말할 때 예를 들었던 그 수직선 말이냐?"

동수의 말에 왕이 바싹 다가서며 물었다.

"예, 폐하. 부호가 다른 두 정수의 합을 계산할 땐 수직선 위에 움직이는 방향과 거리를 이용해서 답을 쉽게 구할 수 있을 것 같아요."

"그럼 수직선을 그려 피자장수의 이익과 손실을 자세히 설명해보도록 하라."

"예, 폐하. 여기에 그려보겠습니다."

동수가 바닥에 쪼그려 앉아 수직선을 그리기 시작했다. 다른 사람들도 곁에 앉거나 서서 동수가 그리는 것을 지켜봤다.

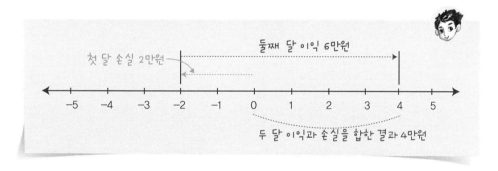

"어? 줄다리기 예를 들었던 것과 똑같네. 그러니까 음수 부분으로 2만큼 끌고 왔다가 양수 부분으로 6만큼 다시 끌려간 모양이잖아?"

공주가 두 손을 모으며 반갑다는 듯 말했다.

"맞아! 부호가 다른 두 정수는 수직선에서 이동 방향이 서로 다를 거야. 그래서 합을 구할 때는 먼저 원점에서 한 부호의 방향으로 그 부호의 수만큼 수직선을 따라가고, 그 다음에 그 자리에서부터 다른 부호의 수만큼 반대 방향으로 되돌아가야 해.

동수도 공주가 이해해주어서 더욱 신이 나서 말했다.

"오호, 그럼 피자가게의 손실과 이익처럼 [음수+양수]라면 수직선에서 먼저 원점에서 왼쪽으로 이동한 후에 그 자리에서 다시 오른쪽으로 이동하겠군. 그리고 반대로 [양수+음수]라면 먼저 원점에서 오른쪽으로 이동한 후 그 자리에서부터 왼쪽으로 이동할 거고."

왕도 끼어들어 한마디 했다.

"예, 맞아요. 폐하."

동수가 말했다.

"그럼 저 그림의 0부터 4까지가 합의 답이란 거야?"

공주가 그림을 가리키며 말했다.

"그렇지. 두 방향의 선이 겹치지 않는 부분이 합이야. 이때 겹치지 않는 부분이 원점에서부터 오른쪽을 향하고 있으면 그 합의 결과는 양수이고 왼쪽을 향하고 있으면 합의 결과는 음수가 되는 거지."

동수가 공주의 물음에 친절하게 대답했다.

"아하! 그러니까 우리 피자가게의 두 달 동안 이익은 전달의 손실과 이번 달의 이익을 합쳐 4만원이라는 거군요."

피자가게 주인이 환하게 웃으며 말했다.

"그럼 당신은 세금으로 2만원을 내면 되겠소. 이익의 반은 국가에 세금으로 내기로 정해져 있으니 말이요."

세무 관리원이 피자가게 주인을 보며 사무적인 투로 말했다.

"아유, 아유~ 답답해! 간단한 것을 왜들 그렇게 복잡하게 계산하려고 하지?"

이그노리가 가슴을 치며 소리쳤다.

"그럼 부호가 서로 다른 두 유리수를 더할 때 더 쉬운 방법이라도 있다는 겐가?"

왕이 눈을 동그랗게 뜨고 호기심이 가득한 눈초리로 물었다.

"그럼은요, 폐하. 아까 부호가 같은 유리수를 더할 때처럼 절댓값을 이용하면 됩지요."

유난히 절댓값을 좋아하는 이그노리가 말했다.

"부호가 서로 다른 유리수를 더할 때도 절댓값을 이용할 수 있다고요? 그렇다면 서로 다른 부호의 두 유리수의 절댓값을 더한단 말이예요? 그럼 합한 후에 부호는 어떤 것을 붙이고요? 공통된 부호도 없는데?"

세무 관리원이 어이없다는 투로 이그노리에게 질문을 쏟아 부었다.

"아니야, 아니야! 서로 부호가 다를 때는 두 유리수의 절댓값을 무조건 더하면 안 되지. 이땐 두 절댓값의 차를 먼저 구해야 해. 그리고 그 차에 절댓값이 큰 수가 가지고 있던 부호를 앞에 붙이면 되지."

이그노리가 눈을 지그시 내려 깔고 의기양양하게 말했다.

"와, 맞아요! 수직선으로 구한 합과 똑같아요. 정말 이렇게 하니까 부호가 서로 다른 두 유리수의 합을 쉽게 구할 수 있군요."

종이쪽지에 혼자 계산해보던 피자가게 주인이 소리쳤다.

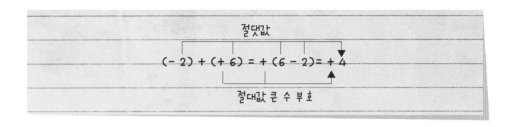

$$\overset{\text{절댓값}}{(-2)+(+6)=+\underset{\text{절대값 큰 수 부호}}{(6-2)}=+4}$$

"오호! 시종장이 아주 큰일을 했군. 이제부터 **부호가 서로 다른 두 유리수를 더할 땐 우선 두수의 절댓값의 차를 구한 후에 절댓값이 큰 수의 부호를 그 앞에 붙이도록** 하라!"

왕이 큰소리로 모두에게 알렸다.

부호가 다른 두 유리수를 더할 땐 두수의 절댓값의 차를 구한 후에 절댓값이 큰 수의 부호를 그 앞에 붙이도록 하라!

(3) 부호는 다르지만 절댓값이 똑같은 두 유리수의 합

정확히 수지 맞춘 햄버거가게 주인

"거기! 다음 분요."

차례를 기다리다가 꾸벅꾸벅 졸고 있는 상인에게 세무 관리원이 소리쳤다.

"아! 예. 이제 내 차례인가요?"

마지막 상인이 깜짝 놀라 깨며 말했다. 그는 햄버거가게를 운영하는 주인이었다.

"당신은 세금을 얼마나 낼 거요. 지난 두 달간 이익이 얼마나 되냐 말이요."

세무 관리원이 말했다.

"지난달에는 이익이 5만원이었는데, 어쩐 일인지 이번 달에는 손해만 5만원이 되었소."

햄버거가게 주인이 울상을 지으며 말했다.

"히히히! 이번에도 조금 전에 내가 말한 방법대로 하면 되겠군. 부호가 서로 다른 두 유리수의 합을 구하는 방법으로 말이야."

이그노리가 어깨를 으쓱하더니 세무 관리원에게 노트 한 조각을 얻어서 스스로 두 수의 합을 계산하기 시작했다.

$$(+5)+(-5)=\boxed{}(5-5)=\boxed{}0$$

"엥? 왜 부호가 있어야 할 곳은 비워놓았죠? 절댓값이 큰 수의 부호를 붙이기로 했잖아요!"

세무 관리원이 이해할 수 없다는 듯이 말했다.

"가만히 있어봐! 나도 지금 생각 중이라고! 절댓값이 똑같아서 지금 양수 부호와 음수 부호 중에 어떤 부호를 붙일까 고민 중이란 말이야!"

이그노리가 퉁명스럽게 소리쳤다.

"끽! 끽! 끽! 고민은 무슨 개뿔! 0에 무슨 부호가 필요해? 0은 양수도 아니고 음수도 아니란 말이야. 멍청하기는…. 그러지 말고 부호가 서로 다르고 절댓값이 같다면 그 유리수의 합은 그냥 0이라고 해둬. 그럼 간단하잖아!"

까삐가 비아냥거렸다.

"그래, 까삐 말대로 부호가 서로 다르고 절댓값이 같다면 두 유리수의 합은 무조건 0으로 하기로 하자."

부호가 서로 다르고 절댓값이 같다면 두 유리수의 합은 무조건 0으로 하라!

왕은 계산을 하지 않고 무조건 0으로 하는 것이 약간 아쉽다는 생각이 들었지만 까삐 말대로 그렇게 하기로 했다. 물론 두 달간 합한 이익이 0이 된 햄버거가게 주인은 세금을 내지 않아도 되었다.

2. 교환법칙과 결합법칙
(1) 교환법칙

제멋대로 바꿔 덧셈한 피자가게 주인

"아니, 지금 뭐하는 거요?"

세무 관리원이 피자장수에게 내뱉듯 물었다.

집에 돌아가던 피자장수가 다시 돌아와서 두 달간의 이익을 자신의 수첩 위에 다시 계산하고 있었던 것이다.

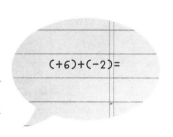

"아까 계산했던 것이 올바르게 되었는지 도무지 믿을 수가 없소. 그래서 내가 다시 한 번 계산해보고 있는 것이오. 햄버거장수는 전혀 세금을 내지 않고 치킨장수는 오히려 나라에서 돈을 받아 가는데, 왜 나만 세금을 내야 된단 말이오?"

피자장수가 말했다.

"뭐요? 그야 당신만 이익을 냈으니 당신만 세금을 내는 것은 당연하지요. 그런데 왜 덧셈의 순서를 당신 마음대로 바꿔서 계산하고 있는 것이오!"

세무 관리원이 몹시 화난 투로 말했다.

"그건 내 맘이오! 당신이 상관할 바 아니란 말이오."

피자가게 주인은 막무가내로 세무 관리원이 했던 계산 순서와 반대로 덧셈계산을 했다.

"그렇게 바꿔서 계산해놓고 혹시 답이 틀리게 나오면 세금을 내지 않겠다고 떼쓰려는 것 아니오?"

세무 관리원이 걱정스럽게 바라보며 말했다.

"단순히 순서를 바꿔서 계산했다고 만일 덧셈의 답이 틀리게 나온다면 나는 세금을 한 푼도 낼 수 없소."

피자가게 주인은 여전히 계산에 열중하면서 말했다.

$$(+6)+(-2)=+(6-2)=+4$$

"봐요! 답이 똑같잖소? 어서 세금이나 내시오!"

마음 졸이며 지켜보던 세무 관리원이 당당하게 소리쳤다.

"이상하다?"

피자가게 주인은 고개를 갸웃거리며 종종걸음으로 돌아갔다.

$$(-2)+(+6)=(+6)+(-2)$$
$$\square + \triangle = \triangle + \square$$

"어허! 그것 참 신기하구나. 순서를 바꾸어 더해도 덧셈의 결과가 똑같다니 아주 재미있는 일이야. 유리수를 더할 때 누구나 필요할 땐 언제든 순서를 바꿔 계산해도 큰 문제는 없겠구나. 에이! 이참에 아예 적당한 이름을 만들어서 법칙으로 정하면 어떨꼬?"

왕이 이그노리를 보며 말했다.

"좋은 생각이십니다, 폐하. '제멋대로 순서 바꿔 더하기'라고 하면 아주 꼭 맞는 이름이 될 것이옵니다. 피자가게 주인이 제멋대로 순서를 바꿔서 계산하기 시작했으니까요."

이그노리가 말했다.

"그런 이름은 너무 유치하고 권위가 없어 보인다니까. **교-환-법-칙**! 어때? 좋잖아! 사귈 교(交), 바꿀 환(換)! 순서를 서로 바꿔서 계산해도 된다는 뜻이야."

까삐가 이리저리 날아다니며 소리쳤다.

"그래, 그래. 이름 짓는 데는 역시 까삐를 당할 자가 없구나. 유리수의 덧셈을 할 때는 서로 순서를 바꾸어서 계산해도 답이 똑같으니 이제부터 누구나 그렇게 할 수 있도록 허락하겠다. 그리고 그 이름은 교환법칙이라고 할 것이다."

왕이 큰소리로 말했다.

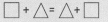

유리수의 덧셈을 할 때
순서를 바꿔 계산해도 그 결과가
같다는 것을 교환법칙이라고
한다.

$$\square + \triangle = \triangle + \square$$

고지식한 퓨로티와 융통성 있는 플렉서볼

"아니, 왜 그리 어렵게 계산하고 있나."

세무 관리원 플렉서볼이 동료 세무 관리원 퓨로티가 뭔가 계산에 몰두하고 있는 것을 지켜보다가 참견했다.

$$(+5)+(+7)+(+3)=+(5+7)+(+3)$$
$$=(+12)+(+3)$$
$$=+15$$

"왜, 또 무슨 말을 하려는 거야. 난 지금 바쁘다고."

퓨로티가 귀찮다는 듯이 말했다. 언제나 성실하고 고지식하게 일을 열심히 하는 퓨로티로서는 항상 쉬운 방법만을 찾으려는 플렉서볼이 못마땅했다.

"에이, 자네는 양수 5를 먼저 양수 7과 더하고 그 계산 결과인 양수 12에 양수 3을 더했구먼. 그건 너무 어리석은 짓이야."

"뭐야! 내가 계산한 답은 정확하다고! 나는 계산에 틀리는 적이 없단 말이야!"

플렉서볼의 말에 퓨로티가 소리쳤다.

"답이 틀렸다는 게 아니라 좀 더 계산을 쉽게 할 수 있는 방법을 알려주려는 거야. 저기 뒤의 두 수를 먼저 계산해보라고. 양수 7과 양수 3을 먼저 더해보라는 거지."

"뒤에 있는 두 수를 먼저 계산하면 뭐가 더 좋다는 거지?"

퓨로티가 시큰둥한 표정으로 물었다.

"척 보면 모르겠어? 양수 7과 양수 3을 더하면 양수 10이잖아. 거기에 양수 5를 더하는 것은 식은 죽 먹기지. 언제든 10을 만들 수만 있다면 그 덧셈은 항상 쉬워지는 법이거든."

플렉서볼이 퓨로티의 노트에 계산식을 써 보이며 말했다.

$$(+5)+(+7)+(+3)=(+5)+(7+3)$$
$$=(+5)+(+10)$$
$$=+15$$

"그래도 …. 에이! 계산 순서는 지켜야지."

퓨로티도 지지 않고 말했다.

"에이~ 그렇게 너무 고지식하면 안 돼. 내가 보기에도 이런 계산은 뒤의 두 수를 먼저 괄호로 묶어서 계산하는 것이 훨씬 편리하겠는데 뭘 그러나."

이그노리가 끼어들어 플렉서볼의 의견을 두둔했다.

"오, 그래. 나도 지켜보니까 앞의 두 수를 먼저 묶어서 계산하거나 뒤의 두 수를 먼저 묶어서 계산하거나 결과는 같으니 누구나 마음대로 묶어서 계산하도록 하라."

왕까지 이렇게 말하니 퓨로티도 더 이상 할 말이 없었다.

"그럼 이런 계산법에도 이름을 붙이면 어떨까요? '덧셈할 때 아무렇게나 묶어도 되는 법칙'이라고요."

이그노리가 싱글벙글 웃으며 말했다.

"킥킥킥! 이름 붙이는 꼴이라곤! 유치하게 그게 뭐야! 맺을 결(結), 합할 합(合), **결-합-법-칙**이 이런 경우엔 딱 어울리는 이름이라고."

까삐가 문틀 위에서 내려다보며 소리쳤다.

"그래, 그 이름이 아주 어울리겠구나. 이제부터 연속된 세 개의 유리수를 더할 땐 앞의 두 수를 먼저 계산하건 뒤의 두 수를 먼저 계산하건 어느 두 수를 더한 값에 나머지 수를 더해도 결과는 같기 때문에 누구나 이 방법을 사용할 수 있도록 법으로 정하고 그 이름을 결합법칙이라고 하기로 한다."

왕이 주위를 둘러보며 큰소리로 말했다.

연속된 세 수의
덧셈을 할 때 앞의 두 수건
뒤의 두 수건 어떤 것을 괄호로 묶어
먼저 계산하든 결과는 같다. 이를
결합법칙이라고 한다.

$$(\square + \triangle) + \bigcirc = \square + (\triangle + \bigcirc)$$

● (3) 교환법칙과 결합법칙의 필요성 사례

괜히 심통 난 퓨로티

"그런데 이런 교환법칙이며 결합법칙이 정수를 계산하는 데 꼭 필요하기는 한 걸까?"

퓨로티가 괜히 심통이 난 표정으로 혼잣말을 했다.

"물론 필요하죠. 이것 좀 보세요."

$$2+3+4+5+6+7+8=2+8+4+6+5+7+3$$
$$=(2+8)+(4+6)+5+(7+3)$$
$$=10+10+5+10$$
$$=(10+10)+5+10$$
$$=20+5+10$$
$$=5+20+10$$
$$=5+(20+10)$$
$$=5+30$$
$$=35$$

자기 수첩에 뭔가 열심히 적고 있던 동수가 말을 계속했다.

"2에서 8까지 자연수를 더해보았어요. 이때 좀 더 쉽게 계산하기 위해서 **교환법칙**과 **결합법칙**을 모두 사용해보았지요. 우선 3과 8을 **교환**했어요. 그리고 5와 6을 **교환**했지요. 그리고 10이 되도록 둘씩 **결합**했지요. 다음에 앞에 두 10을 **결합**해서 20을 만들었고요. 다음에 20과 5를 **교환**했지요. 그리고 뒤에 있는 10단위인 20과 10을 **결합**해서 계산했지요. 그래서 나온 30과 앞의 5를 더하니까 쉽게 35라는 결과를 얻을 수가 있었습니다."

"어머! 교환법칙과 결합법칙을 아주 적절하게 모두 사용했네? 저렇게 하니까 긴 덧셈도 아주 쉽게 계산할 수 있구나. 와! 정말 신기하다."

공주가 동수의 수첩을 넘겨다보며 감탄했다.

"저……."

"또 뭐요?"

집에 돌아가던 피자가게 주인이 다시 돌아온 것을 보고 세무 관리원이 물었다.

"아무래도 나만 세금을 내게 된 것은 계산 방법이 틀려서 그런 것 같단 말이요."

"뭐요? 뭐가 틀렸단 말이요?"

피자가게 주인의 말에 세무 관리원이 어이없다는 듯이 말했다.

3. 유리수의 뺄셈계산 방법

욕심쟁이 피자가게 주인의 실망

"이것 좀 보시오. 우리 가게가 첫 달에는 2만원의 손해가 났소. 그렇지만 다음 달에는 다행히 6만원의 이익이 늘어났지요."

"그런데 그게 뭐가 문제란 말이요?"

세무 관리원이 퉁명스럽게 말했다.

"그런데 그 이익 6만원이 늘어난 것은 사실 손해가 6만원만큼 줄어든 것이라고도 볼 수 있는 것 아니요?"

"그렇기는 하지만……."

"그러니까 첫 달 손해 2만원에다가 둘째 달 이익 6만원을 더했던 것을 이번에는 다시 계산해보아야겠단 말이요. 그래도 그 결과가 이익이 돼서 세금을 내야 한다면 이제 나도 더 이상 따지지 않고 기꺼이 세금을 내겠소."

피자가게 주인이 단호하게 말했다.

"다시 계산한다면 어떻게 하겠다는 거유?"

세무 관리원이 어리둥절한 표정으로 말했다.

"이익이 6만원 늘어난 것은 손해가 6만원 줄어든 것이나 마찬가지라고 했잖소? 그러니 지난번처럼 첫 달 손해 2만원에 둘째 달 이익 6만원을 더했던 대신에 첫 달 손해 2만원에서 오히려 둘째 달 손해 6만원을 더 빼는 계산을 하고 싶단 말이오."

$(-2)-(-6)=$

피자가게 주인이 종이쪽지에 계산식을 써 보이며 말했다.

피자가게 주인은 이렇게 계산하기만 하면 손해액을 많게 만들 수 있을 것 같았다. 그러면 세금을 내기는커녕 오히려 돈을 돌려받을 수 있을 것이라 생각하고 싱글벙글 웃음까지 나왔다.

"어? 6만원도 음수로 만들어버린 거요?"

세무 관리원이 놀란 표정으로 물었다.

"손해로 나타낼 때는 음수 부호를 붙이기로 했잖소."

피자가게 주인이 당연하다는 듯이 말했다.

"그렇긴 하지만…. 어째…?"

세무 관리원이 고개를 갸웃거리며 혼잣말을 했다.

"에그! 세금을 내지 않으려고 별별 수단을 다 쓰는군."

이그노리가 내뱉듯이 혼잣말로 말했다.

"이익을 더하는 대신에 손해를 뺀다? 와! 기발한 생각인데요? 그래도 가게 주인의 계산식이 틀린 것 같진 않아요."

잠시 생각하던 동수가 신기한 듯 말했다.

"그런데 어떻게 음의 유리수가 섞인 식으로 뺄셈을 하려는 거지? 우리 왕국에서는 지금까지 자연수 외에 정수나 유리수로는 뺄셈을 해본 적이 없지 않은가? 으음…."

왕이 매우 근심스런 표정을 지으며 말했다.

"아바마마 너무 걱정하지 마세요! 무슨 방법이 있을 거예요."

공주가 왕의 손을 꼭 잡으며 말했다.

"에이~ 우리 폐하께 걱정을 끼치다니! 우리 왕국에서는 유리수의 뺄셈은 절대하지 못하도록 엄격히 금지해야 합니다. 특히 음의 유리수일 경우에는 더더욱 안 될 말이지요."

이그노리가 왕 앞에 머리를 조아리며 말했다.

"그러면 저 피자가게 주인이 만들어놓은 유리수의 뺄셈 계산식은 아예 무시해버릴까요?"

세무 관리원이 나서며 말했다.

"뭐요! 내가 만든 계산식을 풀지도 않고 무시해버리겠다고?"

피자가게 주인이 벌컥 소리를 지르며 대들었다.

"어허! 어디서 감히 화를 내는 것이오?"

이그노리가 눈을 부릅뜨며 소리쳤다.

"저, 그렇게 억지로 음의 유리수로 만들어 빼려하지 말고 아까 했던 것처럼 양의 유리수로 만들어 유리수의 덧셈식으로 고쳐서 계산하면 될 것 같아요.

손해가 줄어든 것은 이익이 늘어난 것과 마찬가지이니까요. 그러면 폐하의 걱정도 덜어드릴 수 있잖아요?"

동수가 가게주인이 써놓은 종이쪽지 밑에 바로 연결해서 붙여 적으며 말했다.

"어? 이건 처음 계산했던 유리수의 덧셈식이잖아? 그렇다면 이번에도 틀림없이 결과는 +4가 될 것이고 4만원 이익이 되겠군."

가게주인이 실망스런 표정으로 중얼거렸다.

"이제 더 이상 불평하지 말고 세금 2만원이나 냉큼 내시오."

세무 관리원이 가게주인에게 쏘아붙였다.

"잠깐! 마지막으로 하나만 더 물어볼 것이 있소."

"이번엔 또 뭐요? 그래도 할 말이 있소?"

세무 관리원이 퉁명스럽게 말했다.

"그럼 만일 우리 가게가 첫 달엔 2만원 손해였는데 두 번째 달에 이익이 6만원이나 오히려 줄어들었다면, 그래도 뺄셈을 덧셈으로 고쳐서 계산해야 된단 말이요?"

가게주인이 여전히 분이 풀리지 않은 듯 말했다.

"그건 손해가 6만원 늘어난 거나 마찬가지잖아요? 그러니 그것도 덧셈식으로 고쳐서 계산할 수 있다구요. 이익 6만원인 '+6'을 손해 6만원인 '−6'으로 바꿔서 부호가 같은 두 유리수를 합하는 계산식으로 만들어 풀면 되니까요."

동수가 수첩에 계산식과 풀이과정을 적어 보이며 자신 있게 말했다.

$$(-2)-(+6)$$
$$=(-2)+(-6)$$
$$=-(6+2)$$
$$=-8$$

"어? 보인다! 보인다! 규칙이 보인다! 그러니까 유리수의 뺄셈에서는 빼는 수의 부호만 바꾸어서 그냥 더하기만 하면 되겠구나!"

까삐가 나무 꼭대기에 앉아 내려다보다가 갑자기 소리쳤다.

"맞아! 맞아! 그러니까 빼는 수가 음수면 양수로 고치고 양수면 음수로 고쳐서 더하면 된다는 거지? 가령 ○에서 +□ 또는 −□를 뺀다면 +□는 −□로 고쳐서 더하고 −□는 +□로 고쳐서 더한다는 거. 맞지?"

동수가 맞장구를 치며 수첩에 적어 보였다.

"그래! 그래! 내 말이 바로 그 말이라고!"

$$\bigcirc - (+ \boxed{}) = \bigcirc + (- \boxed{})$$

$$\bigcirc - (- \boxed{}) = \bigcirc + (+ \boxed{})$$

까삐가 신나서 여기저기 날아다니며 소리쳤다.

"그래, 이제부터 우리 왕국에서는 유리수의 뺄셈은 무조건 빼는 수의 부호를 바꾸고 뺄셈을 덧셈으로 고쳐 계산하도록 하자!"

왕이 큰소리로 발표했다.

피자가게 주인도 이제 더 이상 변명하지 못하고 세금을 내는 수밖에 없었다.

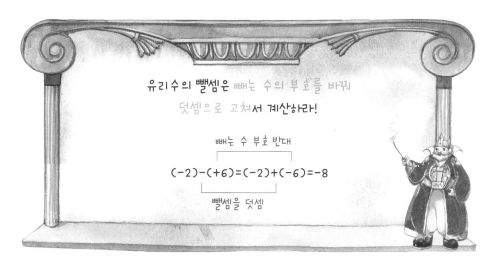

유리수의 뺄셈은 빼는 수의 부호를 바꿔 덧셈으로 고쳐서 계산하라!

빼는 수 부호 반대

$$(-2) - (+6) = (-2) + (-6) = -8$$

뺄셈을 덧셈

"자, 잠깐만요~오! 한 가지 더 여쭤볼 게 있어요."

누군가 허겁지겁 뒤따라오며 소리쳤다.

다른 곳을 구경하기 위해서 떠나려던 일행은 깜짝 놀라 모두 발길을 멈추고 뒤를 보았다. 세무 관리원이 뛰어오고 있었다.

4. 괄호 없이 덧셈·뺄셈이 섞여 있는 유리수 계산

세무 관리원의 고민

"헉! 헉! 양수 또는 음수인 여러 개의 정수가 괄
호도 없이 덧셈과 뺄셈으로 섞여 있을 땐 어떻게
계산해야 되죠? 가끔 여러 상점들이 내야 할 세금
을 합해서 계산할 때 이런 일이 종종 있거든요."

세무 관리원은 자기가 들고 온 종이쪽지를 펼쳐 보이고는 숨을 헐떡이
며 말했다.

"아휴~ 우린 지금 바쁘단 말이야! 날이 어둡기 전에 다른 곳을 더 구경
해야 한단 말이야!"

세무 관리원이 내민 종이쪽지를 흘끔 본 이그노리가 말했다.

"그래도 백성들의 세금을 계산해야 하는 일인데…."

세무 관리원이 이그노리를 원망스럽게 보며 말했다.

"오! 그래, 그건 세무 관리원의 말이 맞아. 이런 경우에는 어떻게 계산해
야 할지 좋은 방법을 만들어보자."

왕이 말했다.

"괄호 안에 유리수를 넣어서 괄호가 있는 셈으로 만들어서 계산하면 어
떨까요? 이제 우리는 괄호가 있는 식은 자신 있게 계산할 수 있잖아요. 특
히 음수는 꼭 괄호가 필요할 것 같아요."

동수가 나서며 말했다.

"흥! 유리수 앞에 뺄셈기호가 있을 때 그것이 음수인 유리수를 말하는

건지 아니면 뺄셈식을 만들기 위해 양수 앞에 뺄셈기호를 둔 건지, 어떻게 구별해서 괄호를 만들겠다는 거지? 가령 저 종이쪽지에 있는 −6만 해도 그래. −(+6)으로 할 거야? 아니면 +(−6)으로 할 거야?"

이그노리가 말했다.

"헤헤! 그야 당연히 +(−6)으로 만들어야죠."

동수가 웃으며 말했다.

"건방지군! 무슨 근거로 그렇게 자신 있게 말하는 거지?"

이그노리가 못마땅한 표정으로 말했다.

"우리 왕국에서는 유리수의 뺄셈은 항상 유리수의 덧셈으로 고쳐서 계산하기로 했잖아요."

"그래서?"

"그러니까 만일 −(+6)이라고 하더라도 이런 뺄셈은 문제를 풀기 위해서는 결국 덧셈으로 고쳐서 계산해야 되니까 괄호 밖의 '−'는 '+'로 고쳐야 하고 빼는 수인 +6은 반대로 −6으로 해야 되겠지요. 그러면 결국 다시 +(−6)으로 될 거라구요."

"어머! 그럼 괄호가 없는 유리수 식을 계산할 때는 유리수 앞에 있는 **뺄셈기호인 '−'는 무조건 뒤에 있는 그 유리수의 부호로** 생각하고 '−'를 그 수 앞에 붙여서 괄호로 그 수와 함께 묶으면 되겠네? 그리고 그 괄호 앞에 **덧셈기호인 '+'를 붙여 식을 연결**하면 될 거고."

공주가 동수의 설명을 듣고 끼어들며 말했다.

"그래, 맞아! 만일 −2−7을 계산해야 한다면 앞의 −2는 무조건 괄호 안에 넣고 뒤의 수는 (−7)로 묶은 후 앞에 '+'로 연결해서 **부호가 같은 유리수의 덧셈**으로 만들어 풀면 된다는 거지."

동수가 수첩에 예까지 적어 보이며 말했다.

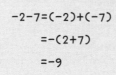

$$-2-7=(-2)+(-7)$$
$$=-(2+7)$$
$$=-9$$

"아하! 이제 내가 가져온 문제를 해결할 수 있을 것 같아요. 그러니까 먼저 모든 유리수를 괄호로 묶어야 되겠지요?"

세무 관리원이 동수의 설명을 들으며, 한편으로는 종이쪽지에 계속 문제를 풀어 적으며 말했다.

$$-3+15+7-6$$
$$=(-3)+(+15)+(+7)+(-6)$$

"어이! 양수는 양수끼리 음수는 음수끼리 모아서 계산해봐! 같은 부호의 덧셈을 하면 되니까 계산할 때 더 편리할 거야! 근데 왜 그걸 모르지?"

까삐가 나무 꼭대기에서 내려다보며 소리쳤다.

"맞아! 맞아! 그렇겠군. 새가 제법인데? 그럼 +15와 +7은 왼쪽에 모아놓고 −3과 −6은 오른쪽에 모아놓고 계산해야겠지. 같은 부호인 양수 +15와 +7을 더하면 +22가 될 것이고 또 다른 같은 부호인 음수 −3과 −6을 더하면 −9가 되겠군. 그러면 마지막으로 +22와 −9를 더하면 되겠지."

세무 관리원은 혼자 중얼거리며 열심히 계산하고 있었다.

"그 +22와 −9를 더할 땐 부호가 다른 유리수를 덧셈하는 방법을 쓰면 되겠군."

이그노리가 슬쩍 끼어들며 말했다. 사실 이그노리는 처음 세무 관리원이 문제를 가지고 왔을 때는 어떻게 풀어야 할지 몰라서 도망치려고 했었다. 그러나 곁에서 지켜보면서 이그노리도 이제 해결방법을 알 수 있게 되었다.

"그건 저도 아는 방법이니까 시종장님이 가르쳐주지 않으셔도 되거든요."

$-3+15+7-6$
$=(-3)+(+15)+(+7)+(-6)$
$=(+15)+(+7)+(-3)+(-6)$
$=(+22)+(-9)$
$=+13$

세무 관리원은 퉁명스럽게 말하며 계속 문제를 풀었다.

"근데 양수에도 꼭 양수 부호 '+'를 붙이고 괄호를 만들어 넣어야 할까? 양의 유리수는 자연수이니까 그냥 자연수를 셈하는 것처럼 부호도 붙이지 말고 괄호에 넣지 않아도 될 것 같은데?"

공주가 말했다.

"그래, 그건 나도 그렇게 생각해!"

동수도 공주의 말에 맞장구를 쳤다.

"허허허! 드디어 어려운 문제를 해결했군. 이제부터 괄호 없이 덧셈과 뺄셈이 마구 섞여 있는 계산을 할 때 **뺄셈기호 '−'**가 있으면 그 뒤 수의 부호로 생각하고 그 수와 함께 괄호 안에 넣도록 하라. 그리고 그 괄호 앞에는 덧셈기호 '+'로 연결하여 계산하라. 이렇게 해서 덧셈식으로 고쳐놓았으면 양수는 양수끼리 음수는 음수끼리 모아서 계산하면 편리할 것이라고 모든 백성들에게 알려라."

왕이 호탕하게 웃으며 말했다.

괄호 없이 덧셈과 뺄셈이 섞여 있는 계산은

· 뺄셈기호 '−'가 있으면 그 뒤 수의 부호로 생각한다.
· 모든 수를 '+'로 연결하여 덧셈식으로 만든다.
  ○ − □ = ○ + (− □)
· 수들은 양수끼리 그리고 음수끼리 모아서 계산한다.

"자, 이번에는 어디로 갈까?"

왕이 일행을 둘러보며 말했다.

"폐하, 저 산 너머 마을 꼬깔촌에서 오늘 낙타경주 대회를 한다고 하옵니다."

이그노리가 세 봉우리로 높이 솟아 있는 산을 가리키며 말했다.

"오, 낙타경주 대회! 그것 참 재밌겠군. 그럼 어서 그곳으로 가보자!"

왕이 선뜻 말했다.

"그런데 저 산 이름은 뭐지? 정말 웅장하고 아름다워."

동수가 이그노리가 가리키는 산을 올려다보며 말했다.

"빅 마운틴 산이야. 우리 왕국에서 가장 높고 아름다운 산이지."

공주가 대답했다.

"오호, 그러고 보니 제갈 롱 선생을 본 지 꽤 오래됐군. 오늘은 가는 길에 한번 들러 요즘 어떻게 지내는지 만나봐야겠구나."

"제갈 롱 선생이요?"

"그래, 저 산에 살면서 마법을 연구하는 마법사란다. 마법을 연구하다가 나라에 어려운 일이 있을 땐 내려와 돕곤 하지."

왕이 빙긋이 웃으며 동수에게 말했다.

일행은 서둘러 빅 마운틴 산을 오르기 시작했다.

5. ○큰 수 / ○작은 수 / ○만큼 큰 수 / ○만큼 작은 수

빅 마운틴 산의 독수리봉, 올빼미봉, 참새봉

"헉! 헉! 제갈 롱 선생님이 사는 곳은 아직도 멀었나요?"

동수가 숨을 헐떡이며 말했다.

"저기 가장 높은 봉우리가 독수리봉이야. 잘 보라고. 거기 오두막이 하나 보이지?"

이그노리가 손가락으로 가리키며 말했다.

"아! 보여요. 저 안에 제갈 롱 선생님이 계신가요?"

동수가 호기심이 가득한 눈으로 말했다.

"그려! 바로 그곳에서 마법을 연구하고 계시다고."

이그노리가 말했다.

일행은 산꼭대기 세 봉우리 중 가장 낮은 봉우리인 참새봉을 지나 두 번째 봉우리인 올빼미봉에 올라서서 더 높은 봉우리를 바라보고 있었다. 그곳은 이 산에서 가장 높은 독수리봉이었다.

272

"그런데 우리가 지나온 저 아래 귀엽게 생긴 작은 봉우리는 높이가 얼마나 되나요?"

"음, 참새봉 말이군. 그러니까 그곳은 여기 올빼미봉보다 정확히 300m 아래에 있지."

"그럼 여기 기준으로 −300인 셈이네요?"

"뭐라고? 그, 그래. 그렇다고 해. 쳇! 뭐든지 음수로 나타내는 것을 어지간히 좋아하는군."

이그노리가 못마땅한 표정을 지으며 말했다.

"그럼 저 위 봉우리 꼭대기까지는 높이가 얼마나 되나요?"

동수가 독수리봉을 집게손가락으로 가리키며 물었다.

"아마 저 아래 참새봉보다 족히 800m 정도는 더 클걸?"

이그노리가 참새봉과 독수리봉을 번갈아보며 말했다.

"아휴! 정말, 시종장은 얼굴 생김새처럼 성격도 이상해. 아니, 그냥 여기 올빼봉부터 독수리봉까지 거리가 얼마라고 하면 되잖아! 왜 그렇게 배배꼬아서 이상하게 대답하는 거지?"

까삐가 이그노리를 보며 쏘아붙였다.

"아무튼 그건 너희들이 알아서 계산해보라고."

이그노리가 심술궂은 표정으로 말했다.

"참새봉보다 독수리봉이 800m 더 크다면…. 음, 그러니까 여기 올빼미봉부터 독수리봉까지 거리를 알아보려면 −300보다 +800 큰 수를 구하면 알 수 있지 않을까?"

동수가 잠시 머뭇거리다가 혼잣말로 말했다.

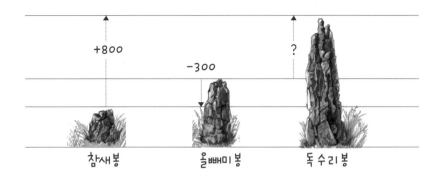

+800	−300	?
참새봉	올빼미봉	독수리봉

"그래서 그걸 어떻게 계산할 건데? 한번 우리 수학도사님께서 멋지게 식을 만들어 풀어보시지?"

이그노리가 싱긋싱긋 웃고는 빈정거리며 말했다.

"음, 'ㅇ 큰 수'라고 했으니까 그냥 더하면 되지 않을까요?"

동수가 고개를 한 번 갸웃하고는 말했다.

"글쎄, 어서 어떻게든 해보시라니깐!"

이그노리가 여전히 빈정거렸다.

~큰 수 → 더하자!
(−300)+(+800)=?

"500m만 더 올라가면 되겠는데요? 여기 올빼미봉부터 독수리봉까지요. 부호가 다른 유리수의 덧셈이니까 절댓값 800에서 절댓값 300을 뺀 500에 절댓값이 큰 800의 부호 '+'를 붙이면 +500이니까요."

동수가 수첩쪽지에 계산과정을 써 보이며 자신 있게 말했다.

$$(-300)+(+800)$$
$$=+(800-300)$$
$$=+500$$

"그래? 어디 한번 맞는지 올라가면서 확인해보자고."

이그노리가 야릇한 웃음을 띠며 말했다.

이그노리는 'O 큰 수'라고 해서 무조건 유리수의 덧셈으로 한 것은 동수가 경솔한 짓을 한 것이라고 내심 생각했기 때문이었다. 일행은 꼼꼼히 거리를 재면서 올빼미봉에서부터 독수리봉을 향해서 올라갔다.

"사백 사십팔! 사백 사십구! 어! 정말 500m네?"

1m씩의 보폭으로 일행 중에 약간 앞서서 걷던 공주가 소리쳤다.

"오호! 정말 정확하구나. 올빼미봉부터 여기 독수리봉 정상까지 정확히 500m야! 그렇다면 'O 큰 수'라면 그 수를 **더해주면 된다**는 동수의 생각이 옳았던 것 아니냐? 대단하구나!"

왕이 동수를 보며 칭찬했다.

"에이~ 대단하긴요. 그냥 어쩌다 보니….'"

동수가 겸연쩍게 웃으며 얼버무렸다.

"흥! 이것 보라고. 여기 독수리봉에서 저 아래 보이는 참새봉까지 가려면 800m를 내려가야 한단 말이야."

이그노리가 잔뜩 심통이 난 표정으로 동수를 보며 말했다.

"아까 말씀하셨잖아요. 그러니까 독수리봉에서 보면 참새봉이 아래쪽에 있으니까 −800인 셈이지요."

"그래! 아래쪽에 있으니까 그 지겨운 음수를 또 사용하고 싶은 모양인데, 그건 마음대로 하라고. 그런데 올빼미봉에서 참새봉까지는 300m를 내려가야 된단 말이야."

"그것도 아까 말씀하셨잖아요. 그래서 올빼미봉에서 볼 때 −300에 참새봉이 있었지요. 그런데 뭘 말씀하려는 거죠?"

"너무 잘난 체하지 말라고! 내가 볼 때 자네는 음수를 지나치게 좋아하는 것 같은데. 그렇게 믿을 수 있는 수라면 지금 여기 독수리봉에서 요~오 아래 올빼미봉까지 내려갈 거리를 그놈의 음수를 사용해서 다시 계산해봐! 그럼 내가 자네 실력을 인정해주지."

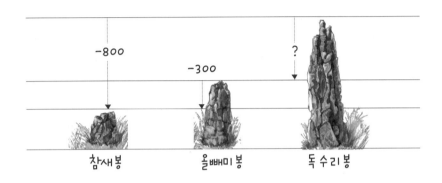

이그노리가 여전히 심술궂은 얼굴로 말했다.

"그건 독수리봉에서 참새봉까지의 내려가는 거리인 −800보다 올빼미봉에서 참새봉까지 내려가는 거리인 −300만큼 작은 수가 되겠네요?"

"뭐야? ○만큼 작은 수? 아무튼 제대로 된 답을 내놓아보라고."

이그노리가 퉁명스럽게 대답했다.

"그러니까 그냥 **빼주면 된다**는 거죠. 독수리봉에서 참새봉까지의 내려가는 거리인 −800으로부터 올빼미봉에서 참새봉까지 내려가는 거리인 −300만큼을 **빼주면 된다**고요. 그러니까 '○만큼 작은 수 또는 ○작은 수'라고 하면 그냥 **빼주면 될 것** 같거든요."

동수가 그런 건 아주 쉬운 일이라는 듯 말했다.

"그래서 답이 뭐라는 거야? 답을 말해야지, 답을!"

이그노리가 재촉했다.

"이건 유리수의 뺄셈식 이니까 우선 덧셈으로 고쳐야 하겠지요? 그럼 −300 앞에 있는 뺄셈기호는 덧셈기호로 고치고 빼는 수인 −300의 부호는 양수 부호인 '+'로 고쳐야 해요. 그래서 +300이 되겠지요. 그럼 부호가 다른 덧셈식이 되니까 절댓값이 큰 수인 800에서 절댓값이 작은 수인 300을 빼면 절댓값이 500이 되죠. 그러면 그 앞에 절댓값이 큰 수의 부호인 음수 부호 '−'를 붙여야 해요. 그럼 답은 −500이 되겠네요. 그러니까 여기 독수리봉에서 저 아래 올빼미봉까지 가려면 500m 내려가야 한다는 거지요."

동수가 수첩조각에 적으며 또박또박 말했다.

~작은 수 → 빼자!
(−800)−(−300)=?

(−800)−(−300)	'작은 수'는 뺄셈
=(−800)+(+300)	뺄셈을 덧셈으로
=−(800−300)	부호가 다른 덧셈계산
=−500	절댓값 차와 절댓값 큰 수의 부호

"맞아! 아까 올빼미봉에서 독수리봉까지 올라올 때 500m 올라왔으니까 만일 우리가 다시 내려간다면 당연히 500m 내려가야 되겠지. 올라오는 것을 계산했을 때는 +500, 내려가는 것을 계산했을 때는 −500. 올라갈 땐 양수 부호, 내려갈 땐 음수 부호라는 거지? 와아! 올라갈 때인지 내려갈 때인지 부호만 보면 방향을 금방 알 수 있겠네. 동수는 정말 천재야."

공주가 손뼉까지 치며 동수의 계산 솜씨를 칭찬했다.

"오호! 우리 수학도사는 정말 재치가 넘치는구나. 'ㅇ큰 수 또는 ㅇ만큼 큰 수'라고 하면 덧셈으로 계산하고 'ㅇ작은 수 또는 ㅇ만큼 작은 수' 라는 말이 있을 땐 **뺄셈**으로 계산하면 된다는 것을 발견해냈으니 말이야. 이제부터는 이런 이상한 문제가 생기면 동수가 찾아낸 대로 덧셈과 뺄셈을 하도록 하라!"

왕이 모두가 들리도록 큰소리로 말했다.

○ 큰 수, ○만큼 큰 수가 있을 때는 더해준다.

-3보다 +5 큰 수 → (-3)+(+5)

○ 작은 수, ○만큼 작은 수가 있을 때는 빼준다.

-7보다 -2 작은 수 → (-7)-(-2)

"아니? 폐하! 예까지 어쩐 일이시옵니까?"

제갈 롱 선생이 오두막에서 뛰어나오며 말했다.

"음, 선생! 오랜만이오. 그런데 우리가 온 걸 어떻게 알았소?"

왕이 제갈 롱 선생의 손을 덥석 잡으며 말했다.

"오두막 안에서 폐하의 목소리를 듣고 알았사옵니다."

"아하! 그랬구려. 그런데 요즘은 어떤 마법을 연구하고 있소?"

"핫! 핫! 핫! 아주 재미있는 것이옵니다. 이쪽으로 와보시옵소서."

제갈 롱 선생은 왕과 일행을 오두막으로 데리고 들어갔다.

❤ 6. 마법의 진법 마방진

독수리봉 오두막집 제갈 롱 선생

"아니! 숫자가 가득 들어 있는 이 이상한 그림표는 무엇이오? 이것도 마법을 쓰는 데 필요한 것이오?"

왕이 오두막 안에 걸려 있는 칠판을 보며 물었다.

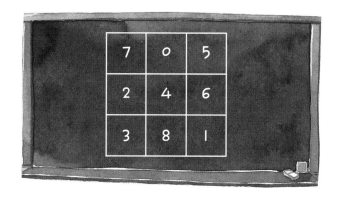

"예, 폐하. 이건 마방진이라고 하는 것이옵니다."

"마방진?"

"예, 마법의 진이라는 뜻으로 그렇게 이름을 붙였지요."

"이건 어떻게 쓰는 마법이오?"

왕이 잔뜩 호기심어린 표정으로 물었다.

"폐하, 혹시 저 옛날 촉나라, 오나라, 위나라가 서로 전쟁을 하고 있던 삼국시대, 우리 선조이신 제갈 량 공께서 사마의의 팔괘진을 팔문둔갑술로 무너뜨린 것을 아시옵니까?"

"그걸 왜 모르겠소! 아하, 그러니까 이 그림표는 전장에서 병사들을 배치하는 새로운 진법이란 말이구려?"

왕이 고개를 크게 끄덕이며 말했다.

"예, 폐하. 이런 진법으로 우리 병사들을 배치하면 아무리 강력한 적군이라도 결코 우리가 쳐놓은 진을 무너뜨리지 못할 것이옵니다."

제갈 롱 선생이 자신 있게 말했다.

"그런데 저 표 안에 있는 수들은 무슨 뜻인가요?"

그림표를 찬찬히 살펴보던 동수가 물었다.

"아, 그건 적군이 우리가 쳐놓은 진 안에 들어오면 그 자리에 배치되어 있는 병사가 몇 보를 전진해야 하는지 적어놓은 걸음 수야. 이를테면 7이 뜻하는 것은 그 자리에 있던 병사는 일곱 걸음을 앞으로 나가야 한다는 거지."

"그럼 0은 그곳에 있던 병사는 적군이 진 안에 들어와도 절대 움직이지 말고 그 자리를 지키라는 건가요?"

"핫! 핫! 핫! 그렇지, 그렇지!"

제갈 롱 선생이 큰소리로 웃으며 대답했다.

"그런데 걸음 수는 어떻게 정한 거죠? 무슨 규칙이 있나요?"

동수가 고개를 갸웃하고는 물었다.

"핫! 핫! 핫! 물론 있지. 어떤 병사라도 그 자리에서 움직이지 말고 서 있거나, 아니면 아무리 크게 전진해도 8보를 넘게 움직이면 절대 안 된다는 거야. 그리고 병사 각자가 움직이는 걸음 수는 모든 병사가 다 달라야 하지. 그래야 적들을 헷갈리게 할 수 있거든. 나머지 규칙은 자네가 잘 찾아보라고!"

제갈 롱 선생은 다시 한 번 크게 웃으며 말했다.

"선생이 만들어놓으신 진법을 감히 우리가 어찌 이해하고 그 규칙을 찾을 수 있겠습니까?"

항상 잘난 체하며 교만한 이그노리도 제갈 롱 선생 앞에서는 아주 겸손한 모습이 되었다.

"아하! 그래서 숫자가 0부터 8까지로 되어 있으면서 한 번도 중복되지 않고 있군요. 어! 그런데 신기한 것은 가로줄을 합해보니 모두 12가 되요. 7, 0, 5를 합해도 12고, 2, 4, 6을 합해도 그리고 3, 8, 1을 합해도 12네요."

동수가 약간 흥분된 목소리로 소리쳤다.

"오호! 제법인데. 내가 이 오두막에서 16년 동안 연구한 것을 한 번 보고 이해하다니. 그럼 내가 힌트 하나를 주지! 세로로도 합해봐! 그리고 대각선으로도 합해보게나."

제갈 롱 선생이 빙긋이 웃고 동수를 쳐다보며 말했다.

"와아! 합할 때마다 모두 12가 되요. 세로로 7, 2, 3과 0, 4, 8 그리고 5, 6, 1 모두 12구요. 대각선으로 7, 4, 1과 5, 4, 3도 합하면 12가 되요. 어떻게 이런 일이 있을 수 있죠?"

동수는 너무 신기해서 자기도 모르게 소리쳤다.

"음, 자네도 정말 대단하구면. 나의 마방진을 금방 꿰뚫어보다니. 처음 보는데, 자넨 누군가?"

제갈 롱 선생이 동수의 얼굴을 찬찬히 보며 말했다.

"우리 왕국의 수학고문인 수학천재 동수라오."

왕이 동수 대신 대답했다.

"아하! 어쩐지 영특한 소년이라 생각했는데…."

제갈 롱 선생이 은근한 눈길로 동수를 다시 한 번 바라보았다.

"오호! 정말로 아무리 강한 적들이 쳐들어와도 이 마방진으로 병사들을 배치하면 모두 막아낼 수 있단 말이오?"

왕이 제갈 롱 선생의 다짐을 받으려는 듯 물었다.

"예, 그러하옵니다. 폐하. 이제 제아무리 강한 군대가 쳐들어와도 안심하셔도 됩니다. 마방진으로 병사들을 배치해서 막으면 적 병사들은 마방진 안에서 정신을 차리지 못하고 헤매다가 모두 포로가 될 것입니다."

"하하하! 정말 대단하오."

왕이 큰소리로 웃었다.

"제갈 롱 선생님! 그런데 어떻게 해서 저런 규칙을 정하게 되셨지요? 가령 병사들의 움직일 수 있는 걸음 수를 정한다든지, 걸음 수의 합이 가로건, 세로건, 또는 대각선이건 똑같다든지 하는 것이오."

동수가 더욱 호기심어린 눈으로 제갈 롱 선생을 보며 말했다.

"닥쳐! 감히 제갈 롱 선생님이 만드신 비법을 알아내려 하다니."

이그노리가 동수를 향해 소리쳤다.

"핫! 핫! 핫! 아니오. 아니오. 내가 다 말하리다. 여기엔 폐하와 공주님 그리고 시종장과 이 영특한 수학천재뿐인데, 왜 그 비법을 알려주지 못하겠소."

제갈 롱 선생이 호탕하게 웃으며 말했다.

"나도 있다구요! 왜 난 빼놓지요?"

동수 어깨 위에 앉아 있던 까삐가 소리쳤다.

"핫! 핫! 핫! 미안, 미안. 아무튼 마방진의 비법을 말해줄게. 우선 병사들의 배치를 가로로 셋, 세로로 셋 해서 모두 9명을 한 진으로 만든 것은 3

×3 마방진인데, 작전에 따라서 다른 마방진으로도 만들 수 있지. 가령 4
×4 마방진, 5×5 마방진 등 여러 모양의 마방진을 만들어서 병사들을 배
치할 수 있어."

"그럼 저 칠판에 만들어놓으신 것은 3×3 마방진이군요. 그런데 전 여
전히 이해하지 못하겠어요. 어떻게 해서 가로건, 세로건, 대각선이건 합할
때마다 모두 12가 나오게 된 거죠?"

동수가 나서며 말했다.

"그건 주어진 수를 모두 합한 수에서 줄의 수로 나눈 거야. 가령
저기 내가 만들어놓은 마방진을 예로 들면 3×3 마방진은 3줄이니까 0부
터 8까지 9개의 정수를 합한 수 36을 줄의 수 3으로 나눈 12가 각 줄의 합
이 되는 거지."

마방진에서 가로, 세로, 대각선 등 각 줄의 합은 주어진 수를
모두 합한 수에서 줄의 수로 나눈 것
줄의 수 : 3×3 마방진은 3줄
줄의 수 : 4×4 마방진은 4줄

"우와! 정말 신기해요. 그럼 병사들이 움직일 수 있는 걸음
수를 바꾼다면 또 다른 여러 가지 마방진을 만들 수 있겠네요?"

"그렇지, 그렇지!"

제갈 롱 선생이 동수를 대견한 듯 쳐다보며 고개를 끄덕였다.

"그런데 제갈 롱 선생님! 한 가지 궁금한 게 더 있는데요?"

"뭔데? 어서 말해보라고."

"병사들은 앞으로 나가기만 해야 하나요? 전쟁을 하다보면 앞으로 나갈 때도 있지만 뒤로 후퇴해야 할 때도 있잖아요."

동수가 약간 따지듯 물었다.

"후퇴라고? 전쟁터에서 병사들이 후퇴하는 것은 죽음이야! 있을 수 없는 일이라고!"

이그노리가 버럭 소리쳤다.

"아니오, 아니오! 작전상 후퇴라는 것도 있잖소. 상황이 불리할 때는 뒤로 물러섰다가 다시 공격하는 것이 더 현명할 때도 있지 않소?"

"그야… 그렇기는 하지만…."

제갈 롱 선생이 동수의 편을 들어 말하자 이그노리가 겸연쩍게 말끝을 흐렸다.

"그래서 말인데요. 선생님께서 만드신 마방진에는 뒤로 한 걸음이라도 물러서는 병사는 없는 것 같은데요? 어떤 병사가 한두 걸음 앞으로 나가면 또 다른 병사는 몇 걸음 뒤로 빠지고 하면 더욱 활동적인 진을 만들 수 있을 것 같아요."

"에잇! 건방지게 어디다가 대드는 거야! 감히 제갈 롱 선생님이 만드신 마방진을 무시하는 거야?"

이그노리가 눈까지 부릅뜨며 동수를 나무랐다.

"핫! 핫! 핫! 아닐세. 그렇지 않아도 그런 마방진을 만들려고 지금 한참 연구 중이었어. 세 걸음 물러서는 병사부터 다섯 걸음 앞으로 나가는 병사까지 배치하는 3×3 마방진이지. 자! 여기 몇 자리만 완성하면 되는데, 동수 자네가 한번 해보겠나? 병사들은 세 걸음까지만 뒤로 물러날 수 있네. 그렇지만 앞으로 나아갈 때는 다섯 걸음까지 옮길 수 있지."

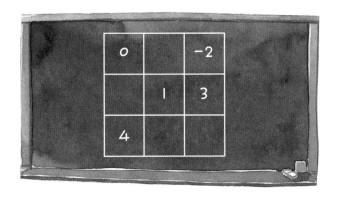

"음…, 그렇다면 −3에서 5까지 아홉 가지 정수를 중복되지 않게 저 빈 칸에 넣으면 되겠네요? 그러니까 −3, −2, −1, 0, 1, 2, 3, 4, 5 중에서요."

"핫! 핫! 핫! 맞아, 맞아!"

"그럼 먼저 −3에서 5까지 아홉 가지 정수를 모두 더하면 9가 되구요. 3×3 마방진이어서 줄이 3개이니까 9를 3으로 나누면 3. 그러니까 각 줄의 합은 3이 되겠네요."

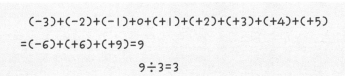

$$(-3)+(-2)+(-1)+0+(+1)+(+2)+(+3)+(+4)+(+5)$$
$$=(-6)+(+6)+(+9)=9$$
$$9÷3=3$$

"오호! 아주 잘 풀고 있구면."

제갈 롱 선생이 칭찬해주자 동수는 신이 나서 더욱 열심히 풀었다.

"먼저 맨 위 가로줄에 가운데 칸은 합이 3이 되기 위해서는 5가 되어야 해요. 그리고 둘째 가로줄의 맨 앞 빈칸은 음수 1, 그러니까 −1이 되어야 겠네요. 역시 1과 3을 더해서 그 줄의 총합이 3이 되어야 하니까요. 이제 맨 오른쪽 맨 밑에 칸을 볼까요. 그곳은 2가 되어야 해요. 자, 이제 나머지 맨 밑에 줄 가운데 칸, 여긴 음수 3이 들어가야겠지요. −3이요. 여기에 자리 잡은 병사는 적군이 진 안으로 들어오면 세 걸음 후퇴하며 적들과 겨루어야 한다는 거구요."

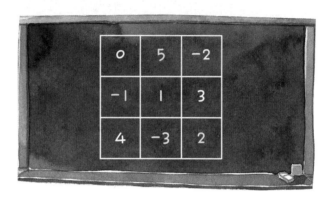

동수는 마방진 빈칸 채워 넣는 것이 너무너무 재밌었다.

"핫! 핫! 핫! 정말 대단하군. 내가 이 오두막에서 16년간 연구해온 마방진의 원리를 이렇게 빠른 시간 내에 완벽히 꿰뚫어보다니."

"하하! 하하! 내가 뭐랬소? 수학천재라고 하지 않았소!"

제갈 롱 선생이 놀라며 동수를 칭찬하자 왕도 흐뭇하게 웃었다.

"핫! 핫! 핫! 내 이번에는 좀 더 어려운 문제를 낼 테니까 다음에 이 문제를 풀거든 이 독수리봉 오두막에 한 번 더 꼭 들러주게. 난 그간 3년 동안 꼬박 이 마방진법을 완성하기 위해 연구하고 있는데, 도저히 풀리지 않는군. 꼭 좀 도와주게."

"선생님께서도 못 푸시는 걸 제가 어떻게…."

"핫! 핫! 핫! 아니야. 자네라면 이 문제를 풀어줄 수 있을 거야."

제갈 롱 선생은 동수의 대답을 기다릴 필요도 없다는 듯이 문제가 적혀 있는 책 한 권을 내밀었다.

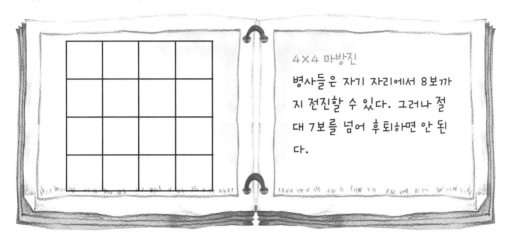

4×4 마방진
병사들은 자기 자리에서 8보까
지 전진할 수 있다. 그러나 절
대 7보를 넘어 후퇴하면 안 된
다.

"우와! 사사마방진! 더구나 표 안에는 숫자가 하나도 없는데, 이걸 어떻게 채워 넣어요?"

"핫! 핫! 핫! 자네라면 충분히 해낼 수 있을 거야. 기다리고 있을 테니까 또 보세."

놀라서 멍하고 있는 동수에게 제갈 롱 선생이 웃으며 말했다.

"폐하! 저기 아래 좀 보십시오."

이그노리가 빅 마운틴 산 아래 마을을 가리키며 말했다.

"으음, 벌써 낙타경주 대회가 시작된 건가?"

"그런 것 같사옵니다. 어서 내려가시지요."

"그런데 저기까지 거리가 얼마나 되나? 꽤 멀어 보이는데?"

"한 10km는 족히 되옵니다."

"오호! 어서 내려갑시다."

왕과 일행은 제갈 롱 선생과 작별하고 서둘러 산을 내려갔다.

유리수의 덧셈과 뺄셈

유리수의 덧셈을 할 땐

더하는 두 수의 부호가 같은지 서로 다른지에 따라서 크게 두 가지로 나눌 수 있어. 부호가 같을 땐 각 수의 절댓값의 합을 구하고 같은 부호를 붙이면 된단다. 부호가 다르면? 그땐 절댓값의 차를 먼저 구해. 그리고 절댓값이 큰 수의 부호를 구한 값에 붙이면 되지. 그런데 하나 더. 두 수의 부호는 다르지만 절댓값이 똑같다면? 그땐 값이 그냥 0이야.

그런데 유리수 중에 분수일 땐 특별히 기억할 것이 하나 있어. 먼저 통분해야 한다는 거지. 즉 분모를 같게 해야 돼. 그리고 나머진 그냥 정수의 덧셈과 똑같단다.

예를 하나 들어볼까?

$$(-\frac{1}{2})+(-\frac{1}{3})=-(\frac{1}{2}+\frac{1}{3})=-(\frac{3}{6}+\frac{2}{6})=-\frac{5}{6}$$

통분

분모가 2와 3으로 다르잖아? 그래서 6으로 통분했어. 나머지 계산은 그냥 정수 덧셈과 똑같이 하면 된단다.

유리수의 뺄셈은 무조건 덧셈으로 고쳐서 해야 해.

뺄셈은 덧셈으로 고치고 뒤에 오는 빼는 수의 부호는 반대로 바꿔서 계산해야 한단다.

부호 바꿈

덧셈으로 바꿈

$$(-\frac{1}{2})-(-\frac{1}{3})=(-\frac{1}{2})+(+\frac{1}{3})=-(\frac{3}{6}-\frac{2}{6})=-\frac{1}{6}$$

통분

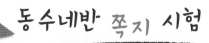

1 다음 중 계산한 결과가 가장 작은 수는?

① $(-\frac{1}{2})+(-\frac{1}{3})$ ② $(-\frac{2}{5})+(+\frac{1}{2})$ ③ $(+\frac{1}{2})-(-\frac{1}{4})$

④ $(+\frac{7}{3})+(-\frac{1}{2})$ ⑤ $(-\frac{1}{3})+(+\frac{1}{3})$

정답 ①

① $(-\frac{1}{2})+(-\frac{1}{3})=-(\frac{3}{6}+\frac{2}{6})=-\frac{5}{6}$ ⇐ 부호가 같은 유리수 덧셈

② $(-\frac{2}{5})+(+\frac{1}{2})=+(\frac{5}{10}-\frac{4}{10})=+\frac{1}{10}$ ⇐ 부호가 다른 유리수 덧셈

③ $(+\frac{1}{2})-(-\frac{1}{4})=(+\frac{1}{2})+(+\frac{1}{4})=+(\frac{2}{4}+\frac{1}{4})=+\frac{3}{4}$ ⇐ 유리수 뺄셈

④ $(+\frac{7}{3})+(-\frac{1}{2})=+(\frac{14}{6}-\frac{3}{6})=+\frac{11}{6}$ ⇐ 부호가 다른 유리수 덧셈

⑤ 절댓값이 같고 부호가 다른 두 수의 합: 0

2 교환법칙과 결합법칙을 적절히 활용하여 다음 계산을 하라.

$$+2-4+7-6$$

정답 −1

※ 괄호 없는 식에서 '−'는 바로 뒤의 수 부호로 여기고 덧셈으로 연결

$+2-4+7-6=(+2)+(-4)+(+7)+(-6)$ ⇐ 괄호 없는 수 '−'는 뒤 수 부호

$\qquad\qquad\quad=(+2)+(+7)+(-4)+(-6)$ ⇐ 교환법칙

$\qquad\qquad\quad=\{(+2)+(+7)\}+\{(-4)+(-6)\}$ ⇐ 결합법칙, 부호 같은 덧셈

$\qquad\qquad\quad=(+9)+(-10)=-(10-9)=-1$ ⇐ 부호 다른 유리수 덧셈

○큰 수, ○작은 수. ○만큼 큰 수, ○만큼 작은 수

3 다음 중 틀린 것은?

① −3보다 +5 큰 수는 $(-3)+(+5)=+2$

② −2보다 $+\dfrac{1}{2}$ 만큼 작은 수는 $(-2)-(+\dfrac{1}{2})=-\dfrac{5}{2}$

③ +5보다 8만큼 작은 수는 $(+5)-(+8)=-3$

④ $-\dfrac{1}{2}$ 보다 $-\dfrac{1}{4}$ 큰 수는 $(-\dfrac{1}{2})+(-\dfrac{1}{4})=-\dfrac{3}{4}$

⑤ $-\dfrac{1}{3}$ 보다 $-\dfrac{1}{6}$ 만큼 작은 수는 $(-\dfrac{1}{6})-(-\dfrac{1}{3})=+\dfrac{1}{6}$

정답 ⑤

※ '큰 수, 만큼 큰 수'는 덧셈으로 '작은 수, 만큼 작은 수'는 뺄셈으로 식을 만들어 푼다.

⑤ $(-\dfrac{1}{3})-(-\dfrac{1}{6})=(-\dfrac{1}{3})+(+\dfrac{1}{6})=-(\dfrac{2}{6}-\dfrac{1}{6})=-\dfrac{1}{6}$

※ 뺄셈은 덧셈으로 고치고 뒤의 빼는 수는 부호를 바꾼다.

마방진

4 다음 제갈 롱 선생이 동수에게 냈던 마방진 문제를 해결해보라.

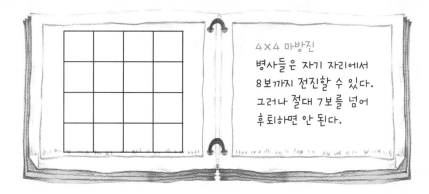

4×4 마방진
병사들은 자기 자리에서
8보까지 전진할 수 있다.
그러나 절대 7보를 넘어
후퇴하면 안 된다.

풀이

- 7보까지 후퇴할 수 있고 8보까지 전진할 수 있다고 했
  으니까 −7에서 8까지 16개의 정수를 채우는 문제이
  다.
- −7에서 8까지 16개의 정수의 합은 8
- 8을 4로 나누면 2(4×4 마방진이므로)
- 가로, 세로, 대각선 등 네 수의 합이 2가 되도록 배열

5	−5	−6	8
0	2	3	−3
4	−2	−1	1
−7	7	6	−4

7 유리수의 곱셈과 나눗셈

와아~ 와아~

이야아~ 이야아~

"대단하군! 낙타경주를 구경하는 열기가 대단해."

"그러하옵니다. 폐하. 헤헤헤!"

이그노리가 왕의 말에 맞장구쳤다.

"여보시오! 낙타경주라면서 낙타들이 열심히 달리지 않고 왜 저렇게 걷기만 하는 거요?"

왕이 곁에서 구경하던 한 백성을 보며 물었다.

"전에는 시속 70km 정도로 굉장히 빠르게 경주를 했습지요. 그런데 낙타에서 떨어져서 희생당하는 아이들이 너무 많아서 이제 시속 4~5km 정도로 걷는 대회로 바뀌었습죠."

"아니? 아이들이 낙타를 탄단 말이요?"

"예, 아이들은 몸무게가 가벼워서 경주하는 데 유리하거든요. 그래서 보통 열다섯 살 정도 아이들이 낙타경주 대회의 기수가 됩니다요."

"오호, 그렇다면 낙타경주 대회에서 달리기 대회를 걷기 대회로 바꾼 것은 아주 잘한 일이구려."

왕이 고개를 크게 끄덕이며 말했다.

1. 유리수의 곱셈계산 방법

속력과 시간으로 거리와 위치를 확인하라!

"낙타경주 대회는 어디에서 출발해서 어디까지 가는 거요?"

이그노리가 곁에 있던 백성에게 물었다.

"갔다가 다시 돌아오는 코스라우. 저 뒤 고깔촌 정문에서 출발해서 저 앞 언덕 너머 벼락 맞은 은행나무를 돌아오는 코스요."

"아하, 그래서 지금 이 흰 낙타처럼 저기 앞쪽으로 가는 낙타도 있고 반대로 저 앞에서 되돌아오는 붉은 낙타도 있었군. 그런데 여기서부터 그 벼락 맞은 은행나무가 있다는 곳까지는 도대체 거리가 얼마나 되오?"

이그노리가 앞쪽 언덕 너머를 가리키며 물었다.

"방금 지나간 저 흰 낙타가 시속 5km쯤으로 걷는 것 같은데, 아마 한 2시간쯤 가면 벼락 맞은 은행나무가 있는 곳에 도달할 거유. 자세한 것은 당신이 한번 계산해보시우!"

그 백성은 내뱉듯이 말하고는 귀찮다는 듯 홱 가버렸다.

"저, 저런! 불친절하기는…. 그것 좀 말해주면 안 되나?"

이그노리는 너무 화가 나서 얼굴이 붉게 달아올랐다.

"저, 초등학교 때 배운 적이 있는데요. 거리는 속도와 걸리는 시간을

곱해보면 알 수 있대요. 우리가 한번 직접 계산해
서 거리를 알아보죠. 뭐."

거리= 속도×시간

동수가 이그노리를 위로하여 말했다.

"쳇! 잘난 체하기는…."

이그노리는 동수의 말은 들은 척도 하지 않았다. 그리곤 벼락
맞은 은행나무 쪽에서 되돌아오는 붉은 낙타를 흘끔 봤다. 그러더니 갑자
기 낙타를 타고 있는 소년에게로 종종걸음으로 다가갔다.

한편 동수는 이그노리가 면박을 주어도 별 아랑곳없이 수첩에 열심히
뭔가 적고 있었다.

"벼락 맞은 은행나무가 있는 곳까지 거리를 실제로 직접 계산하고 있는
거야?"

동수에게 다가가며 공주가 물었다.

"응, 이거!"

동수는 적고 있던 수첩을 공주 앞에 내밀었다.

"응? 이게 뭐야?"

"여기서부터 10km 떨어져 있는 곳에 벼락 맞은 은행나무가 있는 것 같
아."

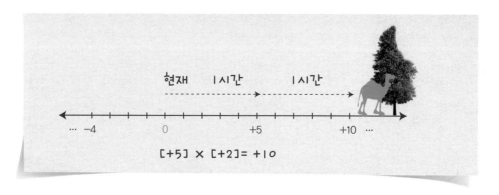

"그걸 어떻게 알았어?"

공주가 눈이 동그라져서 동수에게 바짝 다가가며 물었다.

"은행나무가 있는 쪽은 낙타경주에서 먼저 **앞으로 가는 쪽**이니까 **양수**로 나타내야 할 거야. 그런데 흰 낙타는 시속 5km로 은행나무가 있는 쪽으로 걷고 있잖아. 그러니까 '+5'로 나타내야 하지 않겠니?"

"맞아, 맞아!"

공주가 동수의 말에 손뼉까지 치며 맞장구쳤다.

"그리고 두 시간 후엔 벼락 맞은 은행나무에 도달한다고 했잖아. 그래서 **두 시간 후**를 나타내는 수 '+2'를 곱한 거야."

"오호라! 그래, '+5' 곱하기 '+2' 해서 답이 '+10'이 되었구먼. 그래서 10km만 앞쪽으로 더 가면 그 벼락 맞은 은행나무가 있다는 거지?"

왕도 동수의 생각에 맞장구쳤다.

"예, 폐하. 분명히 그럴 것입니다."

동수가 자신 있게 대답했다.

"그럼 거기에 적어놓은 계산식을 이용하면 고깔촌에서부터 온 저 흰 낙타가 **두 시간 전**에는 어떤 지점까지 도달해 있었는지도 알아볼 수 있겠구먼?"

왕이 호기심 가득한 표정으로 말했다.

"2시간 **후**의 거리를 계산할 때와 식이 조금 달라져야 하지 않을까?"

공주가 고개를 갸우뚱하며 혼잣말로 중얼거렸다.

"그래, 맞아! 은행나무 쪽으로 **앞**만 보고 시속 5km를 가는 거니까 '+5'는 마찬가지야. 그렇지만 2시간 **전**이니까 시간을 곱할 땐 **음수**로 해야 할 거야. 다시 말해 '−2'를 곱해야 될 거라는 거지."

동수도 공주의 생각에 동의했다. 그리곤 새로운 수를 이용한 그림과 계산식을 수첩에 적어 보여주었다.

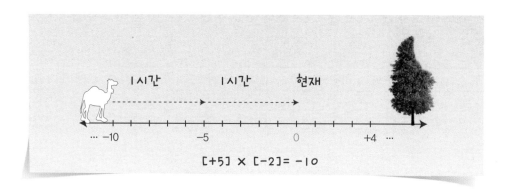

$$[+5] \times [-2] = -10$$

"오호라? 이건 결과가 음수로 나왔구나!"

왕이 놀라서 소리쳤다.

"그렇습니다, 폐하. 흰 낙타가 여기에 도착하기 2시간 전에 있었던 위치는 여기에서 10km 떨어진 곳이라는 것을 나타낸 거죠."

"아하! 그래, 그래! 그래서 음수로 나타냈구나. 그리고 보니 여기 적어 놓은 식과 답만 보아도 이곳으로 오던 흰 낙타가 지금부터 두 시간 전에는 어디까지 와 있었던지 쉽게 알 수 있겠구나."

"그래요. 아바마마. 양수와 음수의 부호를 적절히 사용하면 시간이 전인지 후인지, 방향이 앞으로 가는 건지 뒤로 돌아가는 건지 누구나 이해할 수 있게 나타낼 수 있어서 참 편리해요."

"쳇! 여기 고깔촌 녀석들은 모두 다 이상해."

붉은 낙타를 탄 소년과 이야기를 나누던 이그노리가 투덜거리며 돌아왔다.

"아니? 시종장은 왜 그렇게 화가 나 있는고?"

왕이 지그시 물었다.

"저는 저기 붉은 낙타를 타고 있는 녀석에게 그가 돌아온 반환점이었던 벼락 맞은 은행나무에서부터 여기까지의 거리가 얼마나 되는지 물었사옵니다."

"그래, 얼마나 된다고 했는고?"

왕이 동수가 계산한 것이 맞는지 확인도 할 겸 해서 은근히 물었다.

"아유~ 말도 마세요. 폐하. 이 녀석도 아까 그 백성처럼 이상한 말만 했사옵니다. 이곳에 사는 녀석들은 왜 다 그런지…."

"뭐라고 했는데 그러나?"

왕이 호기심어린 표정으로 물었다.

"그 녀석 말이 자기는 은행나무에서 시속 5km로 되돌아오는 중이라고 하옵니다. 그런데 이곳까지 꼬박 2시간을 왔으니까 두 시간 전에는 어떤 거리에 있었는지 저보고 계산해보라고 하네요? 세상에 그런 건방진 녀석은 처음 보옵니다."

이그노리가 여전히 분이 풀리지 않은 표정으로 씩씩거렸다.

"으하하하! 정말 이상한 사람들이로군. 그냥 거리가 얼마라고 말해주면 될 것을…. 그렇지만 걱정 마오, 시종장. 우리 수학고문 동수가 그렇게만 말해줘도 거리를 알아내는 방법을 만들어놓았다오."

왕이 이그노리를 위로하며 말했다.

"그럴 리가요. 폐하, 저는 믿을 수 없사옵니다."

"아니오. 한번 동수의 말을 들어보도록 하오. 아까 여기서 벼락 맞은 은행나무까지의 거리를 계산할 때 2와 5를 곱했으니까, 붉은 낙타가 거기에서 여기까지 온 거리도 그렇게 계산하면 되지 않을까?"

왕이 동수 쪽을 쳐다보며 말했다.

"결과는 같지만 계산과정은 아까완 달라야 될 거 같아요. 아깐 은행나무 쪽으로 가는 거였지만 지금은 반대로 되돌아오는 거거든요."

동수가 붉은 낙타 탄 소년이 말했다는 것을 참고로 계산한 것을 내놓으며 말했다.

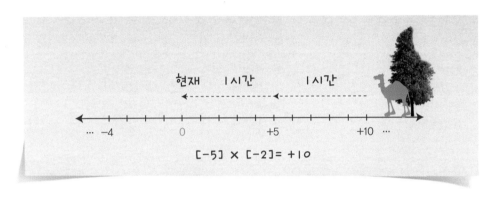

$$[-5] \times [-2] = +10$$

"아니? 둘 다 음수를 곱했는데, 어떻게 양수가 나온단 말이야! 말도 안 되는 소리! 벌써 잊었어! 유리수의 덧셈을 할 때에도 두 수가 모두 음수이면 결과도 당연히 음수였단 말이야!"

이그노리가 큰소리로 면박을 주었다.

"글쎄, 이건 내 생각도 시종장과 같구먼. 아까 처음 흰 낙타가 은행나무 쪽으로 간 것을 계산할 땐 2나 5나 모두 양수를 곱했으니까 결과가 당연히 양수 10이 된 것은 이해할 수 있었는데, 이건…?"

왕도 고개를 갸우뚱하며 이그노리의 말에 동의했다.

"저도 그건 좀 이상해요. 그렇지만 붉은 낙타가 원래 출발했던 곳으로 **되돌아가는** 거니까 속도는 **음수**로 나타내야 하잖아요?"

"그건 그렇지! 그럼 그건 '−5'로 해야겠구먼."

왕도 그 점은 동수와 생각이 같았다.

"그리고 붉은 낙타가 여기에 도착하기 2시간 **전**이라고 했으니까 그것도 **음수**로 나타내야 하구요."

"맞아! 그것도 그렇긴 하구먼. 그럼 그건 '-2'로 해야겠지."

이번에도 왕은 동수의 생각과 같았다.

"그래서 '-5'와 '-2'를 곱했던 거거든요. **거리를 알기 위해선 시간과 속도를 곱해야** 하니까요. 그리고 벼락 맞은 은행나무는 분명히 **여기서 볼 때 양수 쪽**에 있고요. 그래서 양수 10이 답이라고 했는데…. 저도 사실 답이 이상하긴 해요."

"자기도 잘못된 건 알긴 아는구먼. 알면 그렇게 억지로 이상한 계산식을 만들지 말았어야지."

이그노리가 약점을 잡았다는 듯 동수에게 또 한 번 면박을 주었다.

"아니야! 동수의 생각을 무조건 비판만 할 것도 아니란 말일세. 물론 둘 다 음수끼리 곱했는 데도 답이 양수가 나온다는 것은 아주 꺼림칙한 일이긴 해. 그렇지만 그것 말고는 동수가 생각한 것이 이치에 딱 들어맞는단 말이야."

왕이 연신 고개를 갸우뚱하며 말했다.

"폐하! 그럼 제가 지금 가서 그 붉은 낙타 탄 녀석을 다시 한 번 만나보고 오겠습니다. 그래서 그가 2시간 전에 벼락 맞은 은행나무에 있을 때 여기서 그곳이 정말 10km 떨어진 곳이었는지 물어보겠사옵니다. 그게 확인돼야 저는 동수가 하는 이상한 말을 조금이나마 믿을 수 있을 것 같사옵니다."

이그노리가 씩씩거리며 다시 소년을 만나러 가려고 돌아섰다.

"그럼 어서 서둘러 다녀오세요. 그는 시속 5km로 계속 돌아갈 거니까 2시간만 더 지나면 고깔촌 정문 쪽으로 여기서 10km는 떨어져 있는 곳에 있을걸요."

동수가 수첩에 계산식을 적어 보이며 말했다.

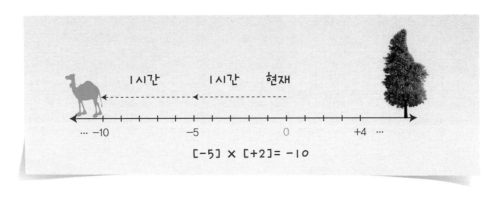

"이건 뭐야! 고깔촌 쪽으로 돌아가는 거니까 은행나무 쪽과 반대여서 시속 5km를 '-5'로 나타낸 것은 알겠는데, 저 '+2'는 또 뭐지?"

이그노리가 눈을 부릅뜨며 트집을 잡았다.

"아하! 시종장, 그건 내가 말하지. 두 시간 후에 도착할 것이기 때문이오. 시간으로 후 또는 다음일 땐 '+'로 나타내기로 했거든."

"그럼 저기 '-10'은 또 왜 음수인 것이옵니까?"

이그노리가 약간 불만 섞인 음성으로 왕에게 물었다.

"하하하! 그건 두 시간 후에 그 붉은 낙타가 있을 곳이 여기에서 볼 때 은행나무가 있는 쪽과 반대쪽에 있기 때문이오. 여기에서 볼 때 은행나무 쪽은 양수, 고깔촌 정문 쪽은 음수여야 하거든. 안 그런가? 우리 수학고문 동수군!"

"맞아요. 폐하! 정말 정확한 말씀이세요."

동수가 손뼉까지 치며 말했다.

"시종장, 그대는 아직도 이 문제에 불만이 있는 것 같구려."

여전히 뾰로통한 모습으로 있는 이그노리를 보며 왕이 말했다.

"제일 꺼림칙한 게 하나 있사옵니다."

"뭐요? 그런 게 있으면 어서 말해보오."

"계산된 결과에 양수를 붙일지 음수를 붙일지 결정할 때이옵니다. 물론 곱셈을 한 결과가 장소를 나타내는 것이고 그 장소가 저렇게 오른쪽 또는 앞 방향에 있으면 양수, 그 반대에 있으면 음수로 나타내면 되겠지요. 그렇지만 그냥 수들만 있는 곱셈계산에서라면 어떻게 알고 결과에 양수나 음수를 붙이지요? 그냥 동수 맘대로 하면 되나요?"

이그노리가 빈정거리는 투로 말했다.

"어… 어허! 시종장 말을 들어보니 그것도 그렇군."

왕도 난처한 표정을 지으며 동수 쪽을 바라보았다.

"폐하! 그리고 시종장님! 여기 잘 보세요. 규칙을 찾았어요."

수첩을 유심히 살펴보던 동수가 소리치며 수첩을 내밀었다.

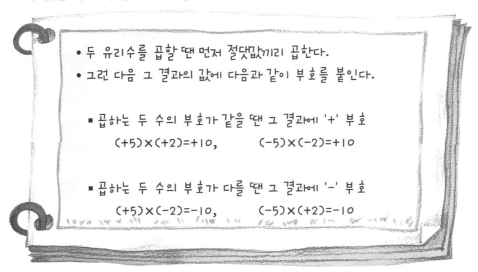

- 두 유리수를 곱할 땐 먼저 절댓값끼리 곱한다.
- 그런 다음 그 결과의 값에 다음과 같이 부호를 붙인다.

■ 곱하는 두 수의 부호가 같을 땐 그 결과에 '+' 부호
$(+5)\times(+2)=+10$, $(-5)\times(-2)=+10$

■ 곱하는 두 수의 부호가 다를 땐 그 결과에 '-' 부호
$(+5)\times(-2)=-10$, $(-5)\times(+2)=-10$

2. 교환법칙과 결합법칙

(1) 교환법칙

시종장 이그노리의 억지

"오호! 정말 우리 수학고문은 천재구먼. 유리수 곱셈에 숨어 있던 이런 신기한 규칙을 찾아내다니. 자연수 곱셈하듯이 그냥 절댓값을 곱하고 거기에 적절하게 부호만 붙이면 된다니, 이 얼마나 쉬운 셈인가!"

왕이 감탄했다.

"폐하! 저건 모순투성이입니다."

이그노리가 갑자기 소리쳤다.

"뭐가 모순이란 거요?"

"저 곱하는 수들의 앞뒤를 바꿔서 곱해보시옵소서. 그래도 값이 똑같사옵니다. 곱하는 수에 음수와 양수가 섞여 있는 셈조차도 바꿔서 계산해도 된다고 하니, 저런 모순이 또 어디에 있습니까? 그건 부호를 전혀 고려하지 않고 단순히 절댓값만 곱하고 적당히 부호를 가져다가 붙였기 때문이옵니다."

$$[+5] \times [-2] = -10$$
$$[-2] \times [+5] = -10$$

이그노리가 종이쪽지 한 장을 내밀며 말했다.

"저런 억지 부리는 심술쟁이 좀 보소! 이것 봐! 거리를 알기 위해서 '속도×시간'이건 '시간×속도'이건 뭐가 다르지? 결과는 모두 같단 말이야!"

까삐가 갑자기 이그노리 앞으로 날아들며 소리쳤다.

"뭐야! 저, 저 재수 없는 새 주제에!"

"아니야! 그건 까삐 말이 맞는 것 같구면. 유리수의 덧셈에서도 바꿔 계산해도 괜찮았었지! 뭐더라?"

"교환법칙이요! 이것도 곱셈의 **교환법칙**이라고 하면 되겠네요."

"그래, 유리수의 곱셈에서도 교환법칙을 사용해도 좋다! 유리수의 곱셈을 할 때 곱하는 수의 순서를 바꿔서 계산할 수 있도록 허락한다."

왕이 모두가 들을 수 있게 큰소리로 말했다.

● (2) 결합법칙

동수를 골탕 먹이려는 이그노리

"그렇게 자신 있다면 이 문제나 한번 풀어보시지!"

이그노리가 불쑥 동수에게 종이 한 장을 내밀었다.

$$[+5] \times [+2] \times [+3] = ?$$

"에이, 시종장! 그런 문제가 어디 있어. '거리=속력×시간'인데, 두 수만 곱해야지. 저 '+3'은 또 뭐지? 어떻게 세 수를 곱하라는 거야?"

왕이 끼어들어 이그노리를 나무랐다.

"폐하. 충분히 있을 수 있는 문제입니다. 하루에 시속 5km씩 2시간만을 가는 낙타가 3일 동안 갔다면 모두 몇 km를 갔는지 묻는 문제일 수 있으니까요."

동수가 자기를 골탕 먹이려는 이그노리를 오히려 두둔했다.

"오호! 동수 말을 들으니 그럴 수도 있겠구먼."

왕이 고개를 끄덕이며 말했다.

"잘난 체하지 말고 어서 문제나 풀어보라니까?"

이그노리가 소리쳤다.

"먼저 5와 2를 묶어서 곱셈해요. 이건 아까 풀던 두 수의 곱셈이죠. 그런 다음 그 결과인 10과 3을 곱하면 되죠. 이것도 두 수의 곱셈이니까요."

동수가 자신 있게 말하며 문제를 풀었다.

$$(+5) \times (+2) \times (+3)$$
$$= \{(+5) \times (+2)\} \times (+3)$$
$$= (+10) \times (+3)$$
$$= +30$$

"왜 마음대로 앞의 두 수를 묶는 거지? 두 시간씩 3일 동안 시속 5km로 달릴 수도 있잖아! 그렇다면 뒤의 두 수를 먼저 묶어야지."

이그노리가 또 다시 억지를 부렸다.

"그럼 뒤의 두 수를 묶어 계산하면 되죠. 걱정 없어요."

동수도 지지 않고 말하며 새로운 계산을 보여줬다.

$$(+5) \times (+2) \times (+3)$$
$$= (+5) \times \{(+2) \times (+3)\}$$
$$= (+5) \times (+6)$$
$$= +30$$

"오호! 앞의 두 수를 묶어 먼저 곱하고 나머지 한 수와 곱하든지 뒤의 두 수를 묶어 먼저 곱하고 나머지 한 수와 곱하든지 결과는 같군. 이것도 덧셈의 결합법칙과 비슷하니 곱셈의 **결합법칙**이라고 하자!"

왕이 또 다시 큰소리로 말했다.

● (3) 교환법칙과 결합법칙의 필요성 사례

앨리스 공주의 재치

"이것 좀 보세요!"
쪼그려 앉아서 뭔가 열심히 생각하던 공주가 종이쪽지를 내밀었다.
"뭔데요? 공주님."
이그노리가 반색하며 공주 앞으로 바싹 다가왔다.

$$[+5] \times [+7] \times [+2] = ?$$

"이런 문제가 있을 경우에 먼저 앞의 두 수 '+5'와 '+7'을 곱해서 '+35' 를 만들죠. 거기에 '+2'를 곱해요. 근데 이러면 계산이 복잡해요. 뒤의 두 수를 먼저 묶어 계산해도 마찬가지죠. '+7'과 '+2'를 묶어 곱하면 '+14'가 되고 여기에 앞에 있던 '+5'를 곱해야 되니 역시 복잡한 계산이 되요."
"그럼 더 간단한 방법이라도 있다는 게냐?"
왕도 공주 앞으로 다가서며 말했다.
"그럼요. 이것 보세요. 먼저 교환법칙으로 앞의 '+5'와 '+7'을 바꿔요. 다음에 뒤 '+5'와 '+2'를 묶어서 결합하죠. 그래서 얻은 값 '+10'을 앞에 있는 '+7'과 곱할 땐 쉬운 셈이 되잖아요."

$$(+5) \times (+7) \times (+2)$$
$$=(+7) \times (+5) \times (+2) \quad \text{교환법칙!}$$
$$=(+7) \times \{(+5) \times (+2)\} \quad \text{결합법칙!}$$
$$=(+7) \times (+10)$$
$$=+70$$

"우리 공주님 정말 대단해요. 저렇게 하찮은 **교환법칙**과 **결합법칙**을 적절히 사용해서 곱셈을 쉽게 하는 굉장한 방법을 찾아내다니, 공주님이 우리 왕국의 수학고문이 되셔야 해요."

이그노리가 눈웃음까지 치며 공주를 칭찬했다.

"에이~ 뭘요. 전 그저 만들어져 있던 법칙을 활용만 했을 뿐인걸요. 근데 진짜 문제는 음수가 섞여 있는 세 수 이상의 수를 곱할 때여요. 그땐 어떤 부호를 붙여야죠?"

3. 세 수 이상의 곱셈계산 방법

동수가 찾은 재밌는 규칙

"공주님도 그걸 걱정하셨군요. 내 생각도 그래요. 지금까진 두 수만 곱하거나 아니면 세 수를 곱해도 모두 양수끼리 곱했으니까 망정이지, 음수가 섞여 있는 세 수 이상의 유리수들은 어떻게 곱하겠어요."

이그노리가 기다렸다는 듯이 공주의 편을 들었다.

"그야 세 수라도 어차피 어떤 수든 먼저 두 수를 곱하고 그 곱한 수에 또 다른 수를 곱해야 하니까, 결국 두 수를 곱하는 방법으로 계속하면 되지 않을까요?"

동수가 당연하다는 듯 말했다.

"그래, 그건 동수 말이 옳긴 하구먼. 그래서 같은 부호의 두 수를 곱한 값이면 양수 부호를 붙이고 다른 부호의 두 수를 곱했으면 값에 음수 부호를 붙이면 될 것이란 말이지. 그리고 그 값의 수와 또 다른 수를 곱한 값에도 역시 부호가 같으면 양수 부호, 다르면 음수 부호를 또 붙이면 될 테니까 말이야."

왕은 동수의 편을 들어 말했다.

"폐하, 그건 너무 번거로운 일이옵니다. 좀 더 간편한 방법을 찾아야 될 것이옵니다."

이그노리가 말했다.

"글쎄, 이보다 더 간편한 곱셈계산 방법이 있을까? 그런 방법을 찾는다고 괜히 헛수고하지 말고 두 유리수 곱셈 방법이나 더 열심히 연습하는 것이 낫지 않을까?"

왕이 체념하는 표정으로 말했다.

"찾았어요! 찾았어요! 재밌는 규칙을 찾았어요."

수첩에 뭔가 적으며 한참 궁리하던 동수가 벌떡 일어나며 말했다.

"또 무슨 꼼수를 찾았다는 거지?"

이그노리가 믿지 못하겠다는 듯 쳐다보았다.

경우 1: $(-3) \times (+15) \times (+7)$　　　　음수의 개수 홀수 : 값은 음수

경우 2: $(-3) \times (+15) \times (-7)$　　　　음수의 개수 짝수 : 값은 양수

경우 3: $(-3) \times (+15) \times (-7) \times (-4)$　　　음수의 개수 홀수 : 값은 음수

경우 4: $(-3) \times (+15) \times (-7) \times (+4)$　　　음수의 개수 짝수 : 값은 양수

경우 5: $(-3) \times (+15) \times (-7) \times (-4) \times (+6)$　음수의 개수 홀수 : 값은 음수

경우 6: $(-3) \times (+15) \times (-7) \times (-4) \times (-6)$　음수의 개수 짝수 : 값은 양수

"아니! 이게 뭔고? 아주 복잡해 보이는군."

수첩에 꽉 채워진 글씨들을 본 왕이 놀라며 말했다.

"내, 그럴 줄 알았다니까! 간편한 방법을 찾으라니까, 이건 뭐 엄청나게 복잡하군."

이그노리가 수첩을 흘끔 보더니 빈정거렸다.

"헤헤헤! 알고 보면 아주 간단해요. 우선 첫째 경우를 잘 보세요. 앞의 두 수를 곱하면 부호가 다르니까 음수가 되죠. 그리고 그 음수 값과 다음에 오는 수 '+7', 즉 양수를 곱하면 다시 값은 음수가 될 거예요."

"그건 당연하지!"

이그노리가 동수의 설명을 들으며 퉁명스럽게 중얼거렸다.

"두 번째 경우도 마찬가지로 앞 두수는 부호가 다르니까 음수의 값이 되겠죠. 하지만 이번엔 다음에 '−7'을 곱하게 돼서 음수와 음수를 곱하게 되니까 같은 수의 곱셈이 돼서 두 수의 곱셈 값은 양수가 될 거예요."

"그래서 그게 어쨌단 거지?"

이그노리가 짜증내며 소리쳤다.

"그렇게 경우 3부터 경우 6까지 계속 확인해보자고요."

동수가 생글생글 웃으며 침착하게 말했다.

"아! 알았다. 공통점이 있네!"

공주가 펄쩍 뛰며 소리쳤다.

"오오! 무슨 공통점을 발견했는고?"

왕이 공주를 바짝 들여다보며 물었다.

"저기 동수가 종이에 적어놓은 대로예요. 곱셈식에서 곱하는 수가 아무리 많아도 음수의 개수가 홀수인 경우엔 곱셈 값은 음수가 되어야 해요. 그리고 음수의 개수가 짝수인 경우엔 그 식의 곱셈 값은 양수가 되어야 하지요."

"빙고! 내가 말하려는 것이 바로 그거라고!"

동수가 활짝 웃으며 소리쳤다.

"오호! 그러니까 곱할 수의 개수가 몇 개가 되든 항상 적용될 유리수 곱셈의 일반적인 방법을 찾은 거로구나. 이제 이 방법대로 곱셈을 하도록 하자!"

왕이 큰소리로 말했다.

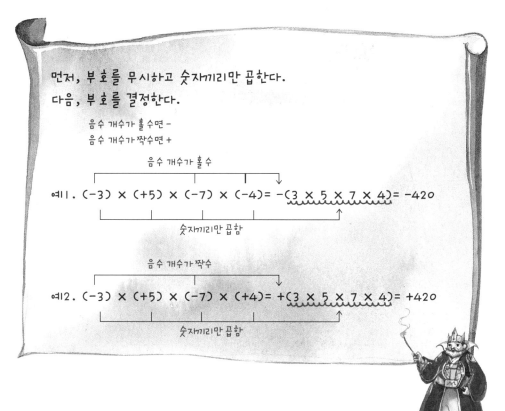

먼저, 부호를 무시하고 숫자끼리만 곱한다.
다음, 부호를 결정한다.

음수 개수가 홀 수면 –
음수 개수가 짝수면 +

음수 개수가 홀 수

예1. $(-3) \times (+5) \times (-7) \times (-4) = -(3 \times 5 \times 7 \times 4) = -420$

숫자끼리만 곱함

음수 개수가 짝수

예2. $(-3) \times (+5) \times (-7) \times (+4) = +(3 \times 5 \times 7 \times 4) = +420$

숫자끼리만 곱함

"흐흐흐! 그렇게 잘 알면 이것 좀 한번 풀어보시지."

이그노리가 음흉하게 웃으며 종이 한 장을 동수에게 내밀었다.

4. $(-a)^n$꼴의 계산 방법

이그노리가 낸 괴상한 문제

"으–핫 하하하! 시종장은 참 괴상한 문제를 만들어놓았구려. 이런 문제를 어떻게 푼단 말이오. 시종장은 이 문제를 풀 수 있소?"

$$(-1)^{999} - (-2^2) + (-2)^3 - 3^2 = ?$$

"저도 이런 문제는 당연히 풀지 못하옵니다."

"당연히 라고? 아니! 문제를 낸 사람도 풀지 못하는 문제를 어떻게 풀라고 이런 문제를 낸 거요?"

왕이 어이없다는 표정을 지으며 말했다.

"그렇지만 수학고문은 이런 문제를 쉽게 풀걸요! 워낙 잘났잖아요."

이그노리가 빈정거리며 동수를 흘끔 쳐다봤다.

"애매한 것 한 가지만 해결되면 풀어낼 수 있을 것 같은데요."

동수가 말했다.

"흥! 풀 수 있을 것 같다고? 그런데 뭐가 애매하다는 거지?"

이그노리가 코웃음 치며 말했다.

"저기 (-2^2)와 $(-2)^3$의 차이를 잘 모르겠어요. 이것만 분명히 알 수 있다면 좋겠는데…."

동수가 답답하다는 듯 말끝을 흐렸다.

"그야, (-2^2)는 지수가 2잖아! 제곱이라고. −2를 두 번 곱했단 뜻이란 말이야. $(-2)^3$은 지수 3, 세제곱이니까 −2를 세 번 곱했단 뜻이지. 척 보면 모르나? 그런 것도 모르면서 풀 수 있을 것 같다고?"

이그노리가 여전히 빈정대며 말했다.

"멍청하긴! 그게 어떻게 같단 말이야? (-2^2)는 지수가 괄호 안에 있잖아! 그러니까 밑이 2뿐이지. 그래서 뿔처럼 붙어 있는 지수 2도 아래 2만의 지수라고. −2의 지수가 아니란 말이야. 그런데 $(-2)^3$은 지수가 괄호 밖에 있잖아! 밑이 괄호 안에 있는 −2 모두란 말이야. 그래서 지수 3도 음수 부호를 포함한 −2의 지수인 거지. 어휴~"

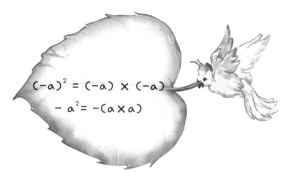

$$(-a)^2 = (-a) \times (-a)$$
$$-a^2 = -(a \times a)$$

까삐가 촐싹촐싹 뛰며 말했다.

"아! 맞다. 까삐 말이 맞아! 그러니까 (-2^2)는 음수 '−'는 따로 빼놓고 2만 두 번 곱해서 $-(2 \times 2) = -4$라는 거구. $(-2)^3$은 '−2' 모두를 세 번 곱해서 $(-2) \times (-2) \times (-2) = -8$이 된다는 거지?"

동수가 기뻐서 펄쩍펄쩍 뛰며 말했다.

"그래, 그래! 내 말이 바로 그 말이라고."

까삐가 고개를 끄덕끄덕하며 말했다.

"그렇담 이제 저 괴상한 문제는 해결된 거나 마찬가지네. $(-1)^{999}$의 지수 999는 괄호 밖에 있으니까 밑 '−1' 모두의 지수겠지. 그럼 −1을 999번 곱하는 셈이겠군."

동수가 눈을 깜빡이며 혼자 중얼거렸다.

"그럼 음수 1을 홀수 번 곱했으니까 999번 곱해도 그냥 −1이잖아?"

공주가 끼어들며 말했다.

"그렇지! 그래서 이제 문제가 해결된 거나 마찬가지라고 했잖아. 자, 이것 봐! 뺄셈 뒤에 있는 3^2은 9일 테니까 앞에 있는 수들까지 모두 정리해서 계산하면 답은 −14야."

동수가 문제 밑에 계산과정을 모두 적어놓으며 말했다.

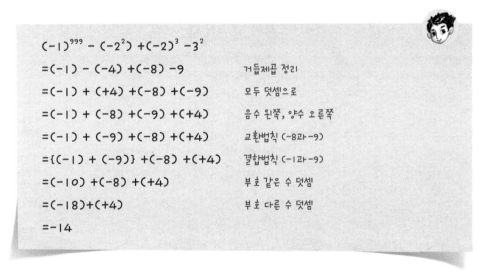

$$(-1)^{999} - (-2^2) + (-2)^3 - 3^2$$
$$= (-1) - (-4) + (-8) - 9 \qquad \text{거듭제곱 정리}$$
$$= (-1) + (+4) + (-8) + (-9) \qquad \text{모두 덧셈으로}$$
$$= (-1) + (-8) + (-9) + (+4) \qquad \text{음수 왼쪽, 양수 오른쪽}$$
$$= (-1) + (-9) + (-8) + (+4) \qquad \text{교환법칙 (−8과 −9)}$$
$$= \{(-1) + (-9)\} + (-8) + (+4) \qquad \text{결합법칙 (−1과 −9)}$$
$$= (-10) + (-8) + (+4) \qquad \text{부호 같은 수 덧셈}$$
$$= (-18) + (+4) \qquad \text{부호 다른 수 덧셈}$$
$$= -14$$

"오호! 정말 대단하군. 저렇듯 괴상한 문제를 풀어내다니. 더구나 유리수의 덧셈과 곱셈 계산을 하는 데 필요한 여러 방법들까지 모두 적절하게 사용했지 않은가? 동수는 역시 천재로구먼!"

왕이 동수의 실력에 감탄했다.

"흠! 으흠!"

이그노리는 말없이 헛기침만 했다.

"폐하, 이 문제를 해결한 건 사실 까삐입니다. 까삐가 (-2^2)와 $(-2)^3$의 차이를 정확하게 찾아내지 못했다면 이 문제는 도저히 풀 수 없었거든요."

동수가 왕과 까삐를 번갈아보며 말했다.

"에이~ 내가 뭘! 끼끼끼! 끼끼끼!"

동수의 칭찬에 까삐가 이리저리 날아다니며 겸연쩍어 했다.

"그런데 거듭제곱이 포함된 여러 수들을 곱할 경우엔 부호를 정할 때 조심해야 할 것 같아. 예를 들어 $(-3)^2 \times (-5)$를 계산한다고 해봐. 음수인 -3과 -5 두 수의 곱셈 같잖아? 그래서 계산한 값의 부호는 음수 부호의 개수가 짝수라고 착각하고 '+'를 붙일 수도 있어. 그런데 사실 $(-3)^2$은 $(-3) \times (-3)$이잖아. 식을 다시 만들어보면 $(-3) \times (-3) \times (-5)$인 거지."

조심해!

$(-3)^2 \times (-5)$는 $(-3) \times (-3) \times (-5)$다.

음수 부호의 개수가 홀수. 따라서 값은 -45

"그래, 맞아! 이건 음수가 세 개인 곱셈이야. 그러니까 곱셈을 계산한 값은 음수여야 하겠네. 답은 -45. 정말 조심해야겠다."

동수의 말에 공주가 맞장구쳤다.

"폐하! 이제 궁으로 돌아가셔야 되지 않을까 하옵니다."

멀리 저녁노을이 아름다운 서쪽 하늘을 보며 이그노리가 말했다.

"어허, 벌써 돌아가잔 말이오? 나는 좀 더 구경하고 싶은데."

5. 유리수의 나눗셈계산 방법

궁궐로 돌아갈 것을 의논하는 일행

"폐하, 지금 오후 6시이옵니다. 조금 있으면 어두워질 것이옵니다."

이그노리가 걱정스런 표정으로 말했다.

"그래, 그럼 어서 서둘러 궁으로 돌아가야겠군. 그런데 지금 여기서 궁궐까지는 거리가 얼마나 되오?"

왕이 멀리 길이 끝나는 쪽을 바라보며 말했다.

"한 10km쯤 되옵니다."

"그럼 지금 출발해서 궁에 도착하면 몇 시쯤이나 될꼬?

"한… 글쎄요. 제가 한번 계산해보겠사옵니다."

이그노리가 머뭇거렸다.

"거리는 시간과 속력을 곱하면 알 수 있잖아요?"

곁에 있던 동수가 끼어들어 말했다.

"그런데? 그게 뭐 어쨌단 거야!"

이그노리가 퉁명스럽게 쏘아붙였다.

"그러니까 시간을 알아보려면 거리를 속력으로 나누면 된다구요."

"에이~ 어리석은 친구 같으니라고. 거리를 알아보기 위해서 곱하는 시간은 그 도착하는 곳까지 **가는 데 걸리는 시간**이잖아. 지금 폐하께서 물으신 시간은 **도착했을 때 시간**이란 말이야."

이그노리가 말하며 한심하다는 듯 동수를 쳐다보았다.

"어휴! 어휴! 저 멍청이! 출발시간에다 대궐까지 가는 데 걸리는

316

시간을 더하면 도착시간이 되지."

까삐가 소리쳤다.

"그래, 그래! 그건 까삐 말이 맞겠구나. 그럼 궁까지 가는 데 걸리는 시간만 알아내면 되겠구나."

"그렇다니까요! 그런데 얼마나 빨리 갈지도 따져봐야죠. 걸어갈지 또는 뛰어갈지요."

왕이 편들어 말해주자 까삐가 신이 나서 말했다.

"여기서 궁까지 뛰어가자고? 우리가 마라톤 할 일 있냐? 더구나 폐하까지 뛰어가시라고? 저런 터무니없는 새털뭉치 같으니라고."

이그노리가 까삐를 보고 버럭 화를 내며 소리쳤다.

"난 궁에 돌아갈 때 얼마쯤의 속력으로 갈 건지 물은 거야. 내가 꼭 뛰어가랬어? 쯧쯧쯧! 답답하기는…."

"으 핫 하하하! 맞아, 맞아! 아까 우리가 본 낙타처럼 우리도 시속 5km로 걸어가보자꾸나."

왕이 까삐를 보고 호탕하게 웃으며 말했다.

"그럼 지금 바로 출발하면, 오후 8시쯤이면 궁에 도착하겠는데요?"

"닥쳐! 무슨 헛소리를 하는 거야? 여기서 궁까진 10km라고! 얼마나 먼 거린 줄 알아? 어떻게 그렇게 일찍 도착할 수 있단 거지?"

까삐에게 면박당한 이그노리가 괜히 동수에게 화풀이했다.

"오후 8시면 분명히 도착할 수 있어요. 먼저 궁까지 갈 거리는 우리가 앞으로 갈 쪽이니까 양수 10으로 하고요. 그 수를 우리가 그곳을 향해 걸어가는 속도인 5km, 즉 양수 5로 나눠요. 그럼 2가 되는데, 이건 2시간 후이니까 양수가 되죠."

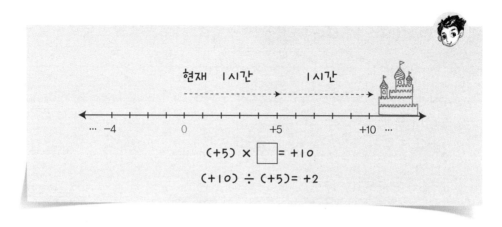

$$(+5) \times \boxed{} = +10$$
$$(+10) \div (+5) = +2$$

"어머, 그 시간에 여기서 출발할 시간인 오후 6시를 더하면 정말 오후 8시가 되네? 와! 신기하다."

동수의 설명을 듣던 공주가 갑자기 끼어들어 말했다.

"그래, 자네 말대로 여기서 2시간 후여서 +2라고 해두자. 그런데 아까 빅 마운틴 산에서 여기까지도 거리가 10km였어. 그리고 여기 올때 우린 시속 5km로 걸어왔었고. 자, 봐! 우린 그쪽에서 볼 때 이곳 앞쪽을 향해 걸어왔어. 그러니까 +5로 나타낼 수 있겠지? 그럼 이때도 자네 말대로 나누면 +2겠네? 응? 어째 답이 같으냐? 이상해!"

이그노리가 동수를 보며 빈정거렸다.

"에이~ 그땐 음수 값이 되죠! −2요."

동수가 손사래 치며 말했다.

"뭐야? 왜 이랬다 저랬다 하는 거지? 그쪽에서 볼 때 거리도 이곳이 앞쪽이고 속도도 앞을 향해서 왔으니 모두 양수로 나타내야지. 그러면 시간도 양수로 값이 나와야 되지 않남? 그곳에서 볼 때 2시간 후에 이곳에 우리가 왔으니까."

"아니죠? 이곳이 기준이 돼야죠. 이곳에서 보면 그곳은 이미 지나온

거리잖아요? 그러니까 −10이죠. 물론 이곳을 향해서 걸어왔으니까 속도는 +5구요. 나누면 −2인데, 2시간 전부터 이곳까지 걸어왔으니까 음수 2는 당연한 거죠."

억지를 부리는 이그노리에게 동수가 침착하게 대답해주었다.

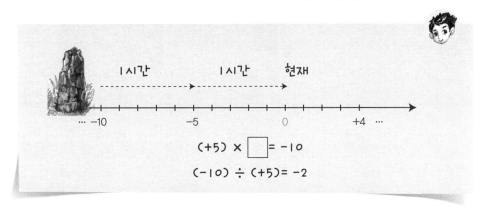

⋯ 폐하! 폐하! 폐하! 폐하! 폐하!

"응! 누구지?"

멀리 궁궐 쪽에서 누군가 소리치며 급히 이쪽으로 걸어오고 있었다.

"궁에서 전령이 오는 것 같사옵니다."

이그노리가 말했다.

"헉헉! 헉헉! 큰일 났사옵니다."

절뚝거리며 다가온 병사가 왕 앞으로 다가서며 말했다.

"넌 금고를 지키는 병사가 아니냐? 무슨 일이냐! 어서 말해보거라."

"누군가 궁에 침입해서 금덩어리가 든 보물상자 몇 개를 훔쳐갔사옵니다."

병사가 연신 머리를 조아리며 말했다.

"뭐! 뭐라고? 어떤 놈이 감히…."

"띠뽀리 녀석의 짓이 틀림없사옵니다. 그런데 언제 보물상자가 없어진 것을 알았느냐?"

이그노리가 왕에게 대답하고 병사를 다그쳤다.

"순찰하다가 없어진 것을 발견하고 곧바로 달려왔습죠."

"달려오다니. 넌 걸어왔잖으냐?"

"처음엔 막 달렸습죠. 그런데 돌부리에 채여 넘어졌습니다요. 그래서 이렇게 다리를 다쳐서…. 그래도 시속 5km론 걸어왔습죠."

"저런! 조심하지 않고!"

병사의 다친 다리를 보고 왕이 안타까워했다.

"그럼 여기서 궁까진 10km 떨어진 거리이니까…. 음, 그럼 도대체 몇 시간 전에 보물상자가 없어진 것을 알았단 말이야?"

이그노리가 눈을 껌벅이며 혼잣말로 중얼거렸다.

"2시간 전이죠!"

"뭐야? 뭘 믿고 그렇게 자신 있게 말하는 거지?"

동수가 끼어들어 말하자 이그노리가 마땅찮다는 듯 물었다.

"궁까진 우리가 갈 앞쪽으로 10km이니까 +10으로 나타낼 수 있거든요. 또 병사는 우리 쪽으로 시속 5km로 돌아온 거니까 −5로 나타낼 수 있죠. 자, 이제 '+10'을 '−5'로 나누면 '−2'가 되요. 이 병사가 떠나기 전의 시간 이니까 음수가 되는 건 당연하잖아요?"

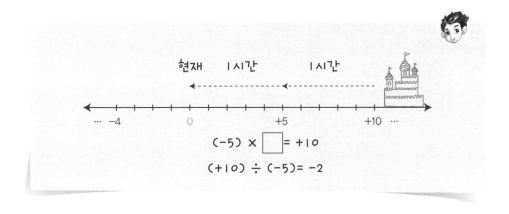

$$(-5) \times \boxed{} = +10$$

$$(+10) \div (-5) = -2$$

"오호! 그래 옳아! 동수 말이 옳겠구나. 틀림없이 2시간 전에 보물상자가 없어졌을 게야."

"폐하, 그렇다면 어서 빅 마운틴 산에 있는 제갈 롱 선생에게 알려 도움을 청해야 하지 않을까요? 선생은 틀림없이 띠뿌리 녀석을 찾는 방법을 알고 있을 것이옵니다."

이그노리가 말했다.

"그곳까진 다시 10km를 돌아가야 되는데, 너무 많은 시간이 걸리진 않을까?"

왕이 걱정스런 표정으로 말했다.

"시속 5km씩 천천히 걸어가도 2시간 후면 충분히 도착해요."

"그래? 어떻게…."

"그곳까진 돌아가는 거리니까 유리수로 나타내면 '−10'이고, 또 궁과 반대 방향으로 가야 되니까 '−5'거든요. 그럼 '−10'을 '−5'로 나누면 '+2'가 되요. 후의 시간이니까 당연히 값에 양수 부호를 붙여야 될 거거든요."

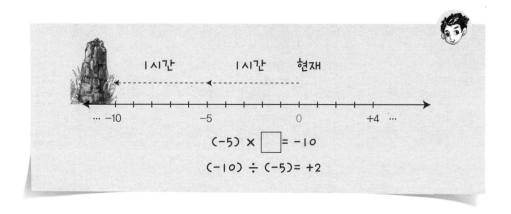

"어머! 그럼 나눗셈도 곱셈에 부호 붙이는 규칙과 똑같네? 그러니까 두 수의 절댓값만을 먼저 나눗셈하자는 거지? 그리고 두 수의 부호가 같은 수를 나누었으면 계산해서 나온 값에다가 '+'를 붙이고 부호가 서로 다른 수를 나누었으면 값에 '−'를 붙이면 되는 거. 맞지?"

공주가 동수의 수첩 한 장을 빌려 거기에 적어 보이며 말했다.

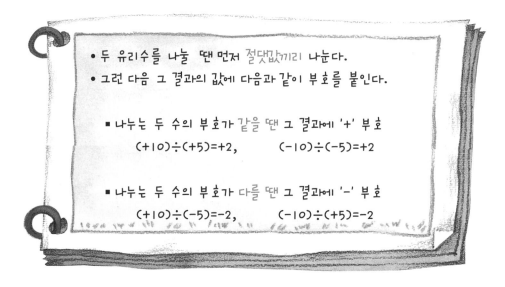

"어? 정말 그러네! 곱셈과 나눗셈에서 값에 부호를 붙이는 규칙이 정말 똑같구나. 그런데 좀 조심해야 될 것은 하나 있을 것 같아."

"뭔데?"

동수의 말에 공주가 눈을 크게 뜨며 물었다.

"0은 어떤 수로 나눠도 항상 0이잖아. 아무것도 없는 0을 아무리 나눠봤자 그냥 0이니까. 그러니 이땐 부호를 걱정할 필요가 없을 거야."

0은 어떤 수로 나눠도 항상 0이다.

"그럼 어떤 수를 0으로 나눌 땐 어쩔 건데?"

동수의 말에 이그노리가 빈정대며 물었다.

"에이~ 멍청이! 그런 경우는 생각할 필요 없지 이~. 아무것도 없는 0으로는 어떤 수도 나눌 수 없단 말이야!"

까삐가 이그노리 머리 위로 소리치며 날아올랐다.

"오호! 그럼 여러 개의 유리수가 나눗셈으로 연결되어 있을 때에도 곱셈처럼 일반적인 규칙을 만들어 적용할 수 있겠구먼."

어떤 수도 0으로 나눌 수는 없다.

"그렇긴 하옵니다만…."

이그노리도 마지못해 인정했다.

"그럼 나눗셈에서도 나누는 수의 개수가 몇 개가 되든 먼저 **부호를 무시하고 나눗셈**을 한 후 부호를 결정하기로 한다. 이때 반드시 지킬 규칙은 나누는 유리수 중 음수의 개수가 홀수면 결과 값은 음수로 하고 음수의 개수가 짝수면 결과 값은 양수로 하기로 한다."

왕이 큰소리로 말했다.

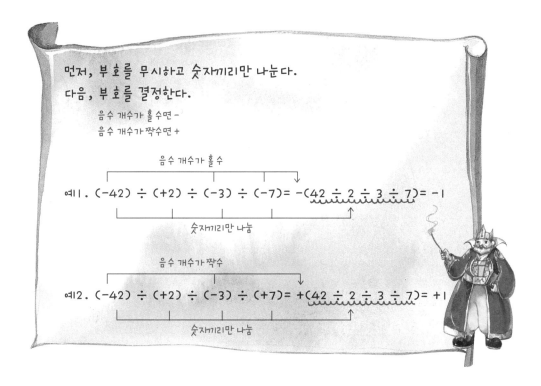

먼저, 부호를 무시하고 숫자끼리만 나눈다.
다음, 부호를 결정한다.
음수 개수가 홀수면 −
음수 개수가 짝수면 +

음수 개수가 홀수

예1. $(-42) \div (+2) \div (-3) \div (-7) = -(42 \div 2 \div 3 \div 7) = -1$

숫자끼리만 나눔

음수 개수가 짝수

예2. $(-42) \div (+2) \div (-3) \div (+7) = +(42 \div 2 \div 3 \div 7) = +1$

숫자끼리만 나눔

"폐하, 지금 이러고 있을 때가 아니옵니다. 그 생쥐 같은 띠뽀리 녀석이 멀리 달아나기 전에 어서 뒤쫓아야지요."

이그노리가 조바심하며 말했다.

"오! 그렇지. 어서 서둘러 제갈 롱 선생을 모셔오너라!"

왕이 병사들에게 큰소리로 명령했다.

6. 역수를 이용한 나눗셈계산 방법

제갈 롱 선생의 뒤집어버린 수

"폐하, 띠뽀리 녀석이 보물상자를 훔쳐갔다고요?"

"오~! 제갈 롱 선생. 어서 오시오."

뛰어오는 제갈 롱 선생을 보고 왕이 반갑게 맞이했다.

"걱정 마십시오! 띠뽀리 녀석은 제가 틀림없이 잡아오겠습니다."

"제갈 롱 선생만 믿겠소. 우리 왕국의 백성들을 위해서 써야 될 귀중한 금덩어리들이니 꼭 찾아주기 바라오."

왕이 제갈 롱 선생을 보며 간곡히 말했다.

"응? 그 쪽지는 뭔가요? 공주님."

제갈 롱 선생이 공주가 들고 있던 수첩쪽지를 보고 말했다.

"아, 이거요?"

공주가 종이쪽지를 제갈 롱 선생에게 건네줬다.

"핫! 핫! 핫! 나눗셈을 하고 있었군. 이건 귀찮게 나눌 게 아니라 그냥 곱셈으로 해도 되는데…."

제갈 롱 선생이 쪽지를 들여다보며 혼잣말을 했다.

"그렇죠? 역시 제갈 롱 선생님은 애송이들과는 다르시군요. 정말이지 그 신기한 방법을 보고 싶어요. 그럼 이 '+10'을 '−5'로 나누는 문제를 곱셈으로 해결해보시겠어요?"

$$(+10) \div (-5) = ?$$

이그노리가 문제가 적힌 종이쪽지를 제갈 롱 선생에 건네며 말했다.

"핫! 핫! 핫! 시종장께서 부탁하니 내 한번 해보리다. 나눗셈을 곱셈으로 만들어 풀기 위해선 먼저 **'뒤집어버린 수'**를 만들어놔야 해요."

뒤집어버린 수?

왕을 포함한 일행 모두가 자기도 모르게 소리쳤다.

"어떤 수를 나눌 때 나누는 수를 위아래 뒤집어버리는 거죠."

"아하~ 그렇게 위아래로! 그럼 **역수**라고 하죠? 뒤집어 거스를 역(逆)자를 써서 이름을 만들면 간단하잖아요."

까삐가 제갈 롱 선생의 머리 위로 날아오르며 말했다.

"핫! 핫! 핫! 역수, 그 이름 참 마음에 드는구나. 까삐야 고마워!"

"킥킥킥! 뭘요!"

"아무튼 '−5'의 역수를 만들어볼게요. 원래 '−5'는 '$-\frac{5}{1}$'라고 해도 같은 수인 것 알겠어요?"

제갈 롱 선생이 일행을 둘러보며 물었다.

"글쎄요. 나눌 때 1은 전체를 말하는 수이니 **'다섯 쪽은 전체 모두 다'**라는 말인 것 같은데?"

왕이 약간 자신 없는 투로 대답했다.

"폐하 말씀이 맞습니다. 그럼 위와 아래 수를 뒤집어보시옵소서."

"오호~ 그렇다면… $\frac{1}{5}$ 아니오? 그런데 부호는 어떻게 하지? 위아래 수들이 뒤집어졌으니까 부호도 반대로 붙여야 되나? 그럼 양수?"

"핫! 핫! 핫! 맞사옵니다. $\frac{1}{5}$ 이옵니다. 그런데 역수라고 해서 부호는 절대로 바꾸시면 안 되옵니다. 그러니까 '−5'의 역수는 '−$\frac{1}{5}$'이지요."

'−5'의 역수는 '−$\frac{1}{5}$'
부호는 그대로!

"그럼 0의 역수는 없겠네요?"

"그야 당연하지. 0은 뒤집어지지도 않을 뿐더러 분모에 0이 오면 절대 안 되잖아!"

제갈 롱 선생이 동수의 질문에 대답하고 말을 이었다.

"자, 그럼 '+10'에 이 역수 '−$\frac{1}{5}$'을 곱해봐!"

"우와! '−2'인데요. '+10'을 '−5'로 나눈 값과 아주 똑같아요. 정말 신기해요."

$$(+10)÷(-5)$$
$$=(+10)×(-\frac{1}{5})$$
$$=(-\frac{10}{5})$$
$$=-2$$

동수가 놀라서 소리쳤다.

"어? '−5'와 서로 역수인 '−$\frac{1}{5}$'을 곱하면 1이 되요. 그렇다면 어떤 두 수를 곱해서 1이 되면 그들은 서로 **역수관계**라고 하면 어떨까요?"

잠자코 있던 공주가 말했다.

"핫!핫!핫! 역수관계? 두 수를 곱해서 1이 될 땐 그 두 수를 역수관계라…. 그것 참 좋은 생각인데요?"

제갈 롱 선생이 진심으로 공주를 칭찬했다.

"제갈 롱 선생님, 그럼 1의 역수는 뭐죠?"

이그노리가 눈을 껌벅이며 물었다.

"아유! 저런 꼴통! 1의 역수는 당연히 1이지. 1을 아무리 뒤집어봐! 그냥 1이지. 물론 '−1'의 역수도 당연히 '−1'일 거고. 그리고 내가 하나 말해주겠는데, 0의 역수는 절대 없으니까 혹시라도 찾으려고 애쓰지 말란 말이야."

1의 역수는 1
−1의 역수는 −1
0의 역수는
절대 없다.

"뭐 얏! 저런 새털뭉치를 그냥 콱!"

이그노리가 까삐를 노려보며 너무 화가 나서 이를 악물었다.

"나눗셈을 할 때 곱셈으로 바꾸어 계산하기를 원하는 백성은 누구든지 먼저 '÷'를 '×'로 고치도록 하라. 그리고 '÷' 뒤에 오는 나누는 수를 그 역수로 바꿔서 나눌 수에 곱해서 계산하라! 특히 이런 방식은 나누는 수가 분수일 땐 반드시 사용하도록 하라!"

왕이 큰소리로 말했다.

나눗셈을 곱셈으로 바꿔 계산하는 방법

- 먼저 '÷'를 ×로 고치도록 하라!
- 다음 '÷' 뒤에 오는 수를 역수로 바꾸도록 하라!
- 앞에 오는 나눌 수에 뒤의 역수를 곱하라!

예1. $(+10) \div (-5) = (+10) \times (-\frac{1}{5}) = -2$

예2. $(-6) \div (+\frac{3}{2}) = (-6) \times (+\frac{2}{3}) = -4$

예3. $(+\frac{3}{2}) \div (-\frac{2}{4}) = (+\frac{3}{2}) \times (-\frac{4}{2}) = -\frac{12}{4} = -3$

"어서 궁으로 돌아가서 띠뽀리 녀석을 잡으러 가자!"

일행은 서둘러 궁으로 돌아왔다.

7. 덧셈·뺄셈·곱셈·나눗셈이 섞여 있는 계산 문제

띠뽀리가 남겨놓은 비밀번호 실마리

"우선 보물상자를 훔쳐간 범인이 누군지부터 확인하도록 하라!"

궁에 돌아온 왕이 신하들에게 명령했다.

"이건 틀림없이 띠뽀리의 짓일 것이옵니다."

이그노리가 머리를 조아리며 말했다.

"시종장, 근거 없이 무조건 사람을 의심하는 건 안 될 일이요."

"이렇게 감쪽같이 보물상자를 가져갈 놈은 그자밖에 없사옵니다."

왕이 주의를 주는 데도 시종장은 지지 않고 띠뽀리를 의심했다.

"폐하, 궁에는 일하는 사람들이 많은 데도 어떻게 눈에 띄지 않고 보물 상자를 가지고 나갔을까요?"

동수가 조심스럽게 의견을 말했다.

"맞다! 비밀통로!"

이그노리가 소리쳤다.

커다란 금고가 있는 방엔 전쟁 등 급한 일이 있을 때 보물상자들을 안전 하게 궁 밖으로 가지고 나가기 위한 비밀통로가 있었던 것이다.

"시종장! 어서 비밀통로를 살펴보시오. 그곳으로 나갔을 수도…."

왕이 이그노리에게 급히 소리쳤다.

비밀통로로 통하는 문의 비밀번호는 왕과 시종장 등 중요한 신하 몇 명 만이 알고 있었다.

"폐하! 역시 그놈입니다. 이것 좀 보시옵소서."

잠시 후 돌아온 이그노리가 종이쪽지 한 장을 왕 앞으로 내밀었다.

"에잇! 배은망덕한 놈. 영특해서 내가 그토록 아껴주었건만…."

왕이 이그노리가 내놓은 종이쪽지를 들여다보며 말했다.

"왜 그러시옵니까? 폐하!"

모두 왕의 곁으로 모여 종이쪽지를 들여다보았다.

히히히! 나, 띠뽀리야!
이 쪽지를 볼 때쯤이면 나는 이미 꼭꼭 숨어 있을걸?
아! 그 전에 나를 쫓으려면 이 통로를 나와야 할 텐데.
근데 이 비밀통로의 문은 열 수 있기나 할거나?
내가 열쇠 비밀번호 일의 자리를 바꿔놨걸랑! 353 ☐
그 대신 내가 힌트를 하나 주지.
여기 있는 문제를 풀면 비밀번호 나머지를 알게 될 거야.
근데 어려울걸? 히히히! 히히히! 메~롱!
일의 자리 문제 : $\frac{1}{4} \div [\{(\frac{1}{2}-1)^3 \div (\frac{1}{2}-1) + (-1)^{999}\} + (-2)^0] = ?$

"여봐라! 이 녀석이 낸 문제를 꼭 풀어서 어서 비밀번호를 알아내도록 하라! 한시 바삐 놈을 잡아서 금덩어리를 모두 되찾아야 한다!"

왕이 큰소리로 명령했다.

여러분! 왕국의 친구들이 비밀번호를 빨리 알아낼 수 있도록 도와주세요. 그래야 어서 다음 제2권으로 가서 띠뽀리를 찾으러 갈 수 있을 테니까요.

※ 띠뽀리의 문제와 답은 동수네 반 쪽지 시험에서 풀어줘요.

유리수의 곱셈과 나눗셈?

유리수의 **곱셈**은
먼저 숫자끼리만 모두 곱하면 돼. 부호는 무시하란 말이야!

유리수의 **나눗셈**은 어떻게?
마찬가지야. 부호는 무시하고 숫자끼리만 나누면 된다니까!

그런데 잠깐 나눗셈은 나누는 수를 역수로 만들어서 곱셈해도 돼.
그럼 결과 값의 부호는 어떻게 하느냐구?

곱하거나 나누는 수들 중 음수의 개수가 **홀수**면 음수, 즉 '-'로 해!
음수의 개수가 **짝수**면? 그땐 결과로 나온 값은 **양수**, 즉 '+'로 해야지!
하나 더.

$\left(-\frac{2}{3}\right)^2$, 이런 모양의 수는 분자와 분모를 똑같이 제곱해야 해.
물론 지수가 짝수이니까 결과 값은 양수일 테고.

그러니까 풀면 $\left(-\frac{2}{3}\right)^2 = +\frac{2^2}{3^2} = +\frac{4}{9}$ 인 거지.
다르게 나타내면 $\left(-\frac{2}{3}\right)^2 = \left(-\frac{2}{3}\right) \times \left(-\frac{2}{3}\right) = +\frac{4}{9}$ 이기도 한 거지.
자! 그럼 위의 모든 것이 포함된 문제를 하나 풀어볼까?

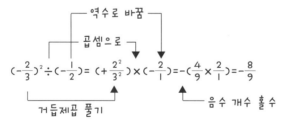

$$\left(-\frac{2}{3}\right)^2 \div \left(-\frac{1}{2}\right) = \left(+\frac{2^2}{3^2}\right) \times \left(-\frac{2}{1}\right) = -\left(\frac{4}{9} \times \frac{2}{1}\right) = -\frac{8}{9}$$

잠깐만! 띠뽀리가 낸 문제처럼 사칙이 모두 들어 있는 계산을 쉽게 할 수 있는 방법을 소개할게.

- 거듭제곱을 먼저 정리
- 소·중·대괄호 순으로 괄호 정리
- 곱셈·나눗셈 먼저, 덧셈·뺄셈 다음

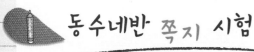

동수네반 쪽지 시험

유리수의 곱셈과 나눗셈

1 교환법칙, 결합법칙, 거듭제곱 성질, 역수 개념 등을 활용하여 곱셈
과 나눗셈이 섞여 있는 아래 문제를 계산하라.

$$(-5) \times (-7) \div \left(\frac{1}{2}\right)^2 \times (-1)^{99}$$

정답 −140

$(-5) \times (-7) \div \left(\frac{1}{2}\right)^2 \times (-1)^{99} = (-5) \times (-7) \div \left(+\frac{1}{4}\right) \times (-1)$ ⇐ 거듭제곱 정리

$\qquad\qquad\qquad\qquad\quad = -\left(5 \times 7 \div \frac{1}{4}\right)$ ⇐ 부호 결정(음수 부호, 홀수 수)

$\qquad\qquad\qquad\qquad\quad = -(5 \times 7 \times 4)$ ⇐ 나눗셈을 곱셈으로(역수 활용)

$\qquad\qquad\qquad\qquad\quad = -(7 \times 5 \times 4)$ ⇐ 교환법칙(5와 7을 바꿈)

$\qquad\qquad\qquad\qquad\quad = -\{7 \times (5 \times 4)\}$ ⇐ 결합법칙(5와 4를 묶음)

$\qquad\qquad\qquad\qquad\quad = -(7 \times 20) = -140$

덧셈, 뺄셈, 곱셈, 나눗셈 모두 활용(띠뽀리가 낸 문제)

2 다음 문제를 풀고 비밀통로의 문을 열 수 있도록 돕자.

$$\frac{1}{4} \div \left[\left\{\left(\frac{1}{2}-1\right)^3 \div \left(\frac{1}{2}-1\right) + (-1)^{999}\right\} + (-2)^0\right] = ?$$

정답 +1

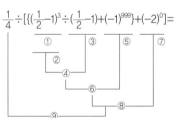

① $\frac{1}{2}-1=-\frac{1}{2}$ ② $\left(-\frac{1}{2}\right)^3=-\frac{1}{8}$

③ $\frac{1}{2}-1=-\frac{1}{2}$

④ $\left(-\frac{1}{8}\right) \div \left(-\frac{1}{2}\right)=+\left(\frac{1}{8} \times \frac{2}{1}\right)=+\frac{1}{4}$

⑤ $(-1)^{999}=-1$

⑥ $\left(+\frac{1}{4}\right)+(-1)=-\left(\frac{4}{4}-\frac{1}{4}\right)=-\frac{3}{4}$

⑦ $(-2)^0=+1$

⑧ $\left(-\frac{3}{4}\right)+(+1)=+\left(\frac{4}{4}-\frac{3}{4}\right)=+\frac{1}{4}$

⑨ $\left(+\frac{1}{4}\right) \div \left(+\frac{1}{4}\right)=+\left(\frac{1}{4} \times \frac{4}{1}\right)=+1$

• 거듭제곱을 먼저 정리
• 소 · 중 · 대괄호 순으로 괄호 정리
• 곱셈 · 나눗셈 먼저, 덧셈 · 뺄셈 다음